ChatGPT 超活用術
仕事で役立つ プロンプトの極意
－より深く正しい回答を得る方法－

著 江坂和明

秀和システム

はじめに

この本を手に取られた方の多くは、日々の仕事で考えることが求められている方が多いことと思います。企業や官公庁、自営業を問わず、皆さんは日々の課題を解決するために奮闘されていることでしょう。

筆者も同様に、ビジネスの現場で働く一人です。文章の作成、インターネットでの情報収集、翻訳など、多岐にわたる業務をこなしています。また、目標達成に向けて問題を解決する方法を常に探求し、原因の推定や仮説の立案、解決策の策定に頭を悩ませています。

しかし、世の中には、鋭い仮説や問題の解決方法を瞬時に思いつく天才もいます。一方で、筆者はそのような思考のプロセスに悩み、日々試行錯誤を繰り返していました。そんな中、生成AIが登場しました。筆者は、この生成AIを活用することで、知的作業が劇的に楽になるのではないかと考えました。最初の頃は、生成AIの回答が間違っていたり、当たり前のことしかいわないため、使い物にならないと感じました。

そうはいっても、生成AIが原因の推定から仮説の立案、解決策の策定までを支援してくれれば、ビジネスにおける思考の負担が軽減されると考えました。そこで、ビジネスで直面する課題に生成AIが少しでも役立つよう、1つひとつプロンプトを考え出し、開発しました。

本書では、マーケティングをはじめとした事例を通じて生成AIの活用方法を解説しています。戦略立案やリスクの洗い出し、交渉、問題解決、仮説立案といったビジネスパーソンが日々直面する課題の解決に少しでもお役に立てる内容を目指しました。

読者の皆様が生成AIを活用し、日々の問題解決に役立てられるように、多様なプロンプトを用意しています。解説では実際のビジネスシーンを想定し、生成AIから良い回答を導き出すためのキーワードやビジネスフレームワークなども活用して、可能な限り高品質な回答が得られるように工夫しました。

各事例はマーケティング等の分野から集めていますが、それぞれ独立した内容となっていますので、必要な部分だけでも活用していただければと思います。

このように、本書はビジネスパーソンのためのプロンプトエンジニアリングガイドとしてまとめました。本書が皆様の日々の業務における知的作業の品質向上や負担の軽減、サポート等のお役に立つことを心よりお祈りいたします。

2024年9月　江坂 和明

「－より深く正しい回答を得る方法－」につきまして

生成AIの回答は、必ずしも正確でない場合があります。本書の副題は「-より深く正しい回答を得る方法-」です。

本書では、生成AIを活用して仕事に役立つ情報を引き出すための活用方法を解説しています。自分が求める内容や欲しい内容、少しでも正解に近い回答を引き出すのに役立てるためのプロンプトを解説する、という意図が副題に込められています。

動作条件と出力結果につきまして

本書に掲載されている1つひとつのプロンプトは、基本的にはChatGPTの無償版でも使用可能です。無償版にはGPT-3.5やGPT-4o miniだけでなく、回数制限付きでGPT-4oを利用することができます。より高いバージョンのChatGPTを使用することで、より良い出力結果を得ることができます。

本書の内容は、基本的には、どのバージョンでも実行できる内容となっています。ただし、生成AIの特性上、本書と同じバージョンで同じプロンプトを入力しても、本書と同じ結果が得られるとは限りません。出力結果は、プロンプトを入力する前のセッション内容や、大規模言語モデルの学習状況によって異なります。

したがって、本書のプロンプトは、各テーマにおけるプロンプトの書き方の参考例としてご活用ください。

本書記載の事例につきまして

本書で使用している事例は、プロンプトの説明を目的とした架空の企業を題材にしています。これらのビジネス事例を通じて、生成AIのプロンプトの書き方について筆者の見解を解説していますが、筆者の所属企業の運用方法とは一切関係ありません。

目次

はじめに ……………………………………………………………… 2

「－より深く正しい回答を得る方法－」につきまして ……………………… 3

動作条件と出力結果につきまして ……………………………………… 3

本書記載の事例につきまして ……………………………………………… 3

第1部　生成AI入門編

第1章　生成AIの基本

1-1　生成AIの基本 ……………………………………………………… 12

　　1　生成AIとは何か ………………………………………………… 12

　　2　Web検索と生成AIとの違い …………………………………… 12

1-2　生成AIの仕組み …………………………………………………… 13

　　1　LLM (Large Language Model) とは ………………………… 13

　　2　ChatGPTとは ………………………………………………… 13

　　3　トークンとは …………………………………………………… 14

　　4　生成AIの仕組み ………………………………………………… 14

　　5　生成AIの仕組みに基づく良い回答を得るためのコツ ………… 14

　　6　企業の中で使われる生成AI …………………………………… 15

1-3　プロンプトとは何か ……………………………………………… 16

1-4　ChatGPTを使ってみよう ……………………………………… 17

第2章　企業で生成AIを活用するために

2-1　生成AIを活用する上での注意事項 ……………………………… 22

　　1　ハルシネーション (幻覚) のリスク …………………………… 22

　　2　著作権の問題 …………………………………………………… 22

　　3　データの偏り …………………………………………………… 22

　　4　機密情報の取り扱い …………………………………………… 23

　　5　最新情報の確認 ………………………………………………… 23

　　6　セキュリティの問題 …………………………………………… 23

目次

2-2 ビジネスシーンにおける生成AI活用の基本的な考え方 ‥‥‥‥‥‥‥‥ 24
  1 生成AIがコンピュータで動作するアプリケーションであることを意識する
    ‥‥‥‥‥‥‥‥‥‥‥‥‥‥‥‥‥‥‥‥‥‥‥‥‥‥‥‥‥‥‥‥‥‥ 24
  2 出力結果を意識してプロンプトを書く ‥‥‥‥‥‥‥‥‥‥‥‥‥‥‥‥ 24
  3 LLMを理解して活用する ‥‥‥‥‥‥‥‥‥‥‥‥‥‥‥‥‥‥‥‥‥‥ 25
  4 ロジックは人が示す ‥‥‥‥‥‥‥‥‥‥‥‥‥‥‥‥‥‥‥‥‥‥‥‥ 25
  5 ツールとして使いこなす ‥‥‥‥‥‥‥‥‥‥‥‥‥‥‥‥‥‥‥‥‥‥ 26
2-3 生成AI時代に期待される人材像 ‥‥‥‥‥‥‥‥‥‥‥‥‥‥‥‥‥‥ 27
  1 経済産業省のとりまとめ報告書 ‥‥‥‥‥‥‥‥‥‥‥‥‥‥‥‥‥‥‥ 27
  2 経済産業省のとりまとめ報告書を踏まえた筆者の考え ‥‥‥‥‥‥‥‥‥ 28

第3章　ビジネスパーソンのためのプロンプトエンジニアリング

3-1 プロンプトエンジニアリング ‥‥‥‥‥‥‥‥‥‥‥‥‥‥‥‥‥‥‥‥ 30
  1 プロンプトエンジニアリングとは ‥‥‥‥‥‥‥‥‥‥‥‥‥‥‥‥‥‥ 30
  2 プロンプトエンジニアリングの指す内容について ‥‥‥‥‥‥‥‥‥‥‥ 30
  3 プロンプトエンジニアリングに基づくプロンプトのメリット ‥‥‥‥‥ 30
  4 プロンプトエンジニアリングの習得 ‥‥‥‥‥‥‥‥‥‥‥‥‥‥‥‥‥ 31
  5 まとめ ‥‥‥‥‥‥‥‥‥‥‥‥‥‥‥‥‥‥‥‥‥‥‥‥‥‥‥‥‥‥ 31
3-2 基本操作(簡単な質問と回答) ‥‥‥‥‥‥‥‥‥‥‥‥‥‥‥‥‥‥‥‥ 33
  1 簡単な質問をする ‥‥‥‥‥‥‥‥‥‥‥‥‥‥‥‥‥‥‥‥‥‥‥‥‥ 33
  2 フォーマットの指定 ‥‥‥‥‥‥‥‥‥‥‥‥‥‥‥‥‥‥‥‥‥‥‥‥ 34
3-3 指定した方法で回答させるためのポイント ‥‥‥‥‥‥‥‥‥‥‥‥‥ 36
  1 文字数を指定する ‥‥‥‥‥‥‥‥‥‥‥‥‥‥‥‥‥‥‥‥‥‥‥‥‥ 36
  2 文章の表現方法を指定する ‥‥‥‥‥‥‥‥‥‥‥‥‥‥‥‥‥‥‥‥‥ 37
  3 生成AIの文章の味付けを調整する ‥‥‥‥‥‥‥‥‥‥‥‥‥‥‥‥‥ 38
  4 回答を読む読者のレベル、対象読者を指定する ‥‥‥‥‥‥‥‥‥‥‥ 42
  5 生成AIの役割を指定する ‥‥‥‥‥‥‥‥‥‥‥‥‥‥‥‥‥‥‥‥‥ 44
  6 具体的な質問を指定する ‥‥‥‥‥‥‥‥‥‥‥‥‥‥‥‥‥‥‥‥‥‥ 48
  7 質問の目的や背景を指定する ‥‥‥‥‥‥‥‥‥‥‥‥‥‥‥‥‥‥‥‥ 49
  8 回答の制限条件を明示する ‥‥‥‥‥‥‥‥‥‥‥‥‥‥‥‥‥‥‥‥‥ 50
  9 サンプルフォーマットを提示する ‥‥‥‥‥‥‥‥‥‥‥‥‥‥‥‥‥‥ 51
3-4 回答の精度を高めるためのプロンプト技術 ‥‥‥‥‥‥‥‥‥‥‥‥‥ 52
  1 生成AIと壁打ちをする ‥‥‥‥‥‥‥‥‥‥‥‥‥‥‥‥‥‥‥‥‥‥‥ 52
  2 2段階で回答させる ‥‥‥‥‥‥‥‥‥‥‥‥‥‥‥‥‥‥‥‥‥‥‥‥ 52

3	何回かに分けて質問する	53
4	質問を理解したのかを確認する	53
5	実例を踏まえて回答させる	53
6	具体的に回答させる	54
7	深く考察させる	54
8	回答の出力を繰り返す	55
9	回答の内容を解説させる	55
10	既存のフレームワークを活用する	55
11	プロセス順に出力させる	56
12	〇〇の理論に従い回答させる	57
13	リスク評価に生成AIを活用する	57
14	質問を繰り返し、フォーカスしていく	57
15	生成AIの出力結果を別の視点でチェックさせる	57
16	プロンプトの流れを宣言する	58
17	例外の出力を指示する	58

3-5　付け加えることで回答品質を向上させることができる文章 59

1	実例を踏まえ、よく考えて具体的に提案してください	59
2	時系列に従い、ステップバイステップで具体的に解説してください	60
3	ケーススタディを交えて詳細に解説してください	61
4	具体的なシナリオを想定して説明してください	62
5	実践的なアドバイスについて、具体例を交えて提供してください	62
6	ベストプラクティスを紹介して詳細に解説してください	63
7	理想的な状態を具体的に示してください	64
8	専門家の意見を交えて説明してください	65
9	このデータから得られる予想外のインサイトを、 具体例を使って詳しく説明してください	66
10	異なる視点から、この問題を分析してください	67
11	失敗例を踏まえて、どう対処したか説明してください	67
12	最新のトレンドや技術を踏まえて提案してください	68
13	短期的および長期的な視点から説明してください	69
14	他社の成功事例と比較して分析してください	70

目次

第2部　ビジネス生成AIの活用（ケーススタディ編）

第4章　業務効率化を図る質問（文書品質向上のための活用）

4-1 文書の調整 ··· 72
　　1　ビジネス文書を丁寧な言い方にする ·· 72
　　2　文章のビジネス表現をチェックする ·· 73
　　3　文書を校正する ··· 75
　　4　文書のルールを活用する（接続詞、時系列、決定事項の明記） ············ 76

4-2 文書の翻訳 ··· 79
　　1　英語の文書を日本語に翻訳する ·· 79
　　2　ビジネスの相手を意識しつつ敬語で英訳する ··································· 80

4-3 文書の要約 ··· 83
　　1　要点を指定して文書を要約する ·· 83
　　2　文字数を指定して要点を指示する要約 ·· 84
　　3　要約のポイントの例 ·· 85

4-4 フォーマットの活用 ·· 86
　　1　フォーマット：項目と文章で表記する ·· 86
　　2　日報の作成 ··· 87
　　3　議事メモから議事録の作成 ··· 90

第5章　社内調整業務に活用する

5-1 問題解決のための8項目 ·· 94
　　1　生成AIに与える具体的な情報について ··· 94
　　2　各項目の説明 ·· 95
　　3　この項目により良い回答が得られる理由 ··· 96

5-2 部署にRPAツールを導入する ·· 97
　　1　職場の上司への提案 ·· 97
　　2　システム運用部署との交渉 ·· 101
　　3　人事部門との交渉 ·· 104
　　4　想定問答 ··· 108

7

第6章　生成AIを活用した新規参入

6-1　市場の洞察と戦略的アプローチ (B to Bでのマーケティング戦略) ······· 112
- 1　市場調査 ·· 112
- 2　ターゲット層の選定 (顧客セグメントの選定) ····················· 116
- 3　生成AIを用いたアンケート調査 ······························· 118
- 4　ニーズ調査の表の作成 ···································· 121
- 5　アンケートの作成 ·· 122
- 6　シミュレーション ·· 126
- 7　日本市場へ投入する製品候補の選定 ························· 128
- 8　古典的なマーケティング手法 (AIDMA) ························ 129
- 9　インターネットを活用したマーケティング手法 (AISAS) ·············· 132
- 10　2つのマーケティング戦略の違い ···························· 135
- 11　生成AIによる議論 ······································· 136

6-2　ビジネスの方向性を考える (戦略的コンサル思考) フレームワーク活用 ·· 137
- 1　フレームワーク、ビジネスコンセプトを使うメリット ················· 137
- 2　フレームワークの活用 ···································· 138
- 3　フレームワークの活用に必要な情報の要求 ····················· 140
- 4　自社と競合、顧客の関係を分析する (3C分析) ··················· 141
- 5　フレームワークを活用するためのプロンプトの設計 ················· 142
- 6　ビジネス環境の分析 (5F分析) ······························ 153
- 7　ビジネス環境の分析 (SWOT分析) ··························· 157
- 8　ビジネス環境の分析 (PEST分析) ··························· 160

6-3　ビジネスの方向性を考える (戦略的コンサル思考) ビジネス理論・
コンセプト ·· 163
- 1　価格設定戦略 (マイケル・E・ポーターの競争戦略) ················· 163
- 2　既存企業の戦略を予想 (ゲーム理論の活用) ····················· 166
- 3　バリュープロポジション (顧客への提供価値) ···················· 170

6-4　社内のアイデアや計画をプレゼンする (企画書のプレゼン) ·············· 173
- 1　企画書と提案書の違い ···································· 173
- 2　新製品の企画書作成 (社内向け) ····························· 174
- 3　新製品のプレゼン資料作成 (社内向け) ························· 177
- 4　プレゼンスクリプトの作成 ·································· 179
- 5　想定問答の作成 ··· 180

目次

6-5 顧客訪問とプレゼン (提案書のプレゼン) ･･････････････････ 182

   1   顧客訪問のためのメール文章の作成 ･････････････････ 182

   2   ビジネスマナーに基づく顧客訪問の注意点 ･･････････ 184

   3   顧客ニーズ、インサイトの分析 ･･････････････････････ 186

   4   提案書の作成 (顧客向け) ････････････････････････ 190

   5   プレゼン資料作成 ････････････････････････････････ 192

   6   プレゼンの説明文章の作成 ･････････････････････････ 194

   7   効果的なプレゼン方法の提案 ･･････････････････････ 195

   8   プレゼンでの想定問答 ･･････････････････････････････ 198

6-6 効果的な交渉支援 (交渉の手助けをする) ････････････････ 201

   1   WIN-WINの関係を構築するための提案 ･･･････････ 201

   2   合意可能範囲の検討 (ZOPA) ･･････････････････ 204

   3   代替案の立案 (BATNA) ････････････････････････ 206

   4   生成AIを活用した交渉のロールプレイング ･････････ 208

第7章　生成AIを活用したご当地グルメのビジネス

7-1 ご当地グルメのマーケティング手法 (B to Cマーケティング) ････ 212

   1   フードフェスティバルへの出店計画 ･･････････････････ 212

   2   B to Cマーケティングにおける購入プロセスモデルの活用 ･･････ 217

   3   ブランドイメージ向上戦略 ･･････････････････････････ 218

   4   顧客のペルソナ像の定義 ･･･････････････････････････ 223

   5   体験型販売手法 (エクスピアリエンス・マーケティング) の提案 ･･････ 225

   6   固定客の獲得方法の立案 (AMTUL) ･･････････････ 227

   7   カスタマージャーニーマップ ･･･････････････････････ 229

   8   広告戦略 ･･ 231

7-2 生産量拡大のための体制整備 ･････････････････････････ 234

   1   スタッフの人材育成 ･････････････････････････････ 234

   2   生産量拡大のための仕入計画 ･･････････････････････ 236

   3   仕入先評価指標 (QCD) ･･･････････････････････ 239

   4   品質管理計画 (シックスシグマ /DMAIC) ･････････ 242

7-3 ビジネスリスク管理と対策計画 ･････････････････････････ 245

   1   仕様変更の管理 (CCM) ･････････････････････････ 245

   2   不良品発生時の回収のためのトレーサビリティ ･････ 248

   3   リスクの予測 (リスクマネジメント) ･･･････････････ 251

	4	リスク影響度評価 (RIA)	254
	5	エスカレーションモデルの作成	257
	6	リスクに備えた体制整備 (BCP、BCM)	260
	7	キーパーソンの突然の退職に備える	264
	8	材料供給に支障がある場合の対策計画の立案	266
	9	もし、ライバル店が近くに出店したら	268
	10	「if (もし〜なら) から始まる質問」をする	270

第8章　問題解決のためのプロンプト

8-1　問題解決への取り組み方 ･･････････････････････････････････ 274

	1	問題解決のプロセス	274
	2	問題解決のためのプロンプト	275
	3	問題解決のためのプロンプトの活用	276
	4	帰納法を用いた仮説立案の方法	284
	5	ギャップ分析による目標達成 (考え方)	292
	6	ギャップ分析による目標達成 (ケースへの適用)	295
	7	なぜなぜ分析 (5Whys)	302

8-2　質問にSo What?を付ける ･･････････････････････････････ 306

8-3　ロジカルツリーを用いた問題解決 ･････････････････････････ 309

8-4　MECE (ミッシー) かどうかチェック・修正する ･･････････ 313

8-5　まとめ ･･･ 316

参考文献	318
あとがき	320
索引	321

［ 第1部　生成AI入門編 ］

第1章

生成AIの基本

　本章では、生成AIの基本的な概念やWeb検索との違い、生成AIの仕組み、プロンプトの重要性、そしてChatGPTの使用方法について説明しています。また、生成AIの応用例やビジネスシーンでの活用方法についても理解を深めることを目的としています。

Section 1　生成AIの基本

1　生成AIとは何か

　生成AIとは、文章、音声、画像などを学習データから、自動的に生成する人工知能の技術です。この技術は、膨大なデータを学習し、そのパターンや構造を理解することで、新しい情報を創り出します。現在、ビジネスの現場において、この生成AIは知的な作業や思考の効率化に革命をもたらすことが期待されています。

　例えば、マーケティング資料の作成、顧客対応のメール文章、戦略立案、問題解決など、日々の業務の知的な作業に活用することができます。しかし、生成AIはあくまでツールです。生成AIが提供する多彩なアイデアを活用しつつ、最終的な判断や創造的な価値は人間の手に委ねられています。本書では、生成AIをビジネスシーンで活用する方法を解説します。

2　Web検索と生成AIとの違い

　生成AIとWeb検索は情報収集において重要なツールですが、その役割と結果は異なります。Web検索は、特定のキーワードに基づいてインターネット上の既存情報を取得します。一方、生成AIは膨大なデータを学習し、その情報を基に新しいコンテンツを生成します。

　例えば、あなたが新製品のマーケティング戦略を考えるとします。Web検索では、「成功したマーケティング戦略」と入力し、多数の事例や記事を見つけることができます。しかし、これらの情報を一つひとつ精査し、自社に適した戦略を作り出すには多くの時間と労力が必要です。一方、生成AIを使えば、「新製品のターゲット市場に効果的なマーケティング戦略を提案してほしい」と入力すると、生成AIが学習したデータを基に具体的で独自の戦略を提案してくれます。さらに生成AIは、その回答結果に対し、さらに深堀りをしていくことができます。これにより、生成AIは単なるツールではなく、相談相手としての役割を果たすことができます。

　このように、生成AIは、皆さんの特定のニーズに応じたアイデアを提供し、時間を大幅に節約します。本書では、生成AIの実際のビジネスシーンでどのように活用できるか解説します。

Section

2 | 生成AIの仕組み

生成AIの仕組みについて、専門用語を用いながら解説します。少し難しい内容になりますが、生成AIがどのようなものか理解する上で重要ですので、お付き合いください。

1 LLM (Large Language Model) とは

生成AIは、LLM（大規模言語モデル）という技術を用いています。LLMは、大量のテキストデータを基に学習し、自然言語を理解・生成する高度な人工知能技術です。LLMの学習は大量のデータを必要とし、その性能はデータの質と量に依存します。代表的な例として、OpenAIのGPTシリーズがあります。LLMは文法や語彙、文脈のパターンを捉え、人間のように自然な文章を生成できます。これにより、文章の自動生成、要約、翻訳、質問応答など、様々なタスクに応用可能です。LLMはビジネスや教育、研究など多岐にわたる分野で活用されています。

2 ChatGPTとは

ChatGPTは、OpenAIが開発した生成型AIの1つです。ChatGPTは「Chat（チャット）」と「GPT (Generative Pre-trained Transformer)」の略称です。

Chatとは、人と会話するように自然言語での対話を可能にし、ビジネス上の質問にも適切に応答することができることを意味します。

GPTとは、OpenAIが開発した自然言語処理モデルです。

Generativeとは、GPTが、文章の中で単語や文の関係性を理解し、それに基づいて文章を「生成 (Generative)」していることを意味します。

Pre-trained Transformerとは、大量の文章を使って言語のルールやパターンを学習していることを表しています。つまり、文章を生成するにあたり、事前学習により、トレーニングがされていることを意味します。

Transformerとは、このモデルは、Transformerと呼ばれるネットワークアーキテクチャを基にしていることを意味しています。

3 トークンとは

　生成AIについて、トークンという言葉を聞くことがあります。

　LLMの中では、文章は「トークン」という単語やフレーズ単位で扱われます。各トークンには関連性の重みが与えられており、例えば「桃太郎」というトークンは「イヌ」「サル」「キジ」と強く関連付けられています。同様に、「ロミオ」と「ジュリエット」も強い関連性がありますが、「桃太郎」と「ジュリエット」の間には強い関連性、重み付けはありません。

4 生成AIの仕組み

　つまり、生成AIは、トークンとトークンの関連性、要するに、確率的に高い単語（トークン）をつなぎ合わせながら回答を作成しています。例えば、生成AIに「ロミオ」という言葉を与えると、それに基づいて「ジュリエット」や「ロミオ、ロミオ、どうしてあなたはロミオなの？」といった文章を生成することができます。このようにして、生成AIはトークンの関連性を基に自然な文章を生成します。

5 生成AIの仕組みに基づく良い回答を得るためのコツ

　ここで、生成AIの回答には理論的なロジックに従って回答をしていないことを頭にいれておきます。つまり、生成AIの活用には、何らかのロジックを人が補うことが有効です。

　生成AIから良い回答が得られるのは、元となる学習データに基づく、トークンの関連性が高く、確率的に高い内容を出力していることを意味します。つまり、元となる学習データが優れているということになります。このように、生成AIの出力の元データに意識を向けることも大切です。

　ビジネスパーソンの皆さんは、これらの仕組みを理解することで、生成AIを深く活用することができるようになります。本書を使用することで、生成AIの可能性を最大限に引き出し、ビジネスの現場で活用できるようになります。

1-2 生成AIの仕組み

6 企業の中で使われる生成AI

●企業の中で使われる生成AI

　企業の独自の環境で使用される生成AIは、特定のニーズに応えるために設計された
カスタム生成AIシステムです。一般的な生成AIでは対応しきれないセキュリティ、プ
ライバシー、コンプライアンスの要件に対応できるよう、独自の環境が整備されていま
す。この環境では、データのアクセス範囲や保存場所が厳密に管理され、外部への情報
漏洩を防ぎながら、社内で効率的に情報を活用することが可能です。さらに、生成され
るコンテンツは、企業のポリシーやブランドガイドラインに適合するよう、特定のルー
ルやフィルターが適用されます。

●ファインチューニング

　ファインチューニングとは、既存の生成AIモデルを企業の特定のニーズに合わせて
微調整するプロセスです。具体的には、企業が保有する独自のデータを活用して生成AI
モデルを再学習させることで、業界特有の用語や知識にも対応できるようにします。こ
れにより、生成AIは一般的な回答にとどまらず、企業の文脈に即した精度の高い回答を
提供することが可能になります。

　この技術は、専門的な知識や文書の処理が必要な場面で活用されています。例えば、
特許や法律の分野では、特許出願書類の作成や法律文書のレビューにおいて、ファイン
チューニングされたモデルが使われています。

●RAG（Retrieval-Augmented Generation：検索拡張生成）

　RAGは、生成AIが回答を作成する際に、企業内外のデータソースから関連情報を事
前に取得し、その情報を基に回答を生成する手法です。これにより、生成AIは常に最新
で信頼性の高いデータを基に回答を行うことができます。

　企業内で生成AIを使用する際に、社内のデータが出力結果に含まれることがあるの
は、この技術を使っているためです。社内データベースから適切な情報を検索し、それ
を基に回答を生成しています。RAGによって、企業固有の知識やデータを活用した、よ
り精度の高い回答が可能になります。

Section 3

プロンプトとは何か

　生成AIには、プロンプトという文章で指示を出します。生成AIをビジネスで効果的に活用するためには、プロンプトの理解が不可欠です。プロンプトとは、生成AIに対する指示や質問を指します。プロンプトは、生成AIがどのように応答するかを決定する重要な要素です。適切なプロンプトを設定することで、生成AIから最適な回答を得ることができます。

　効果的なプロンプトを作成するには、プロンプトを作成するためのノウハウが必要です。本書で、ビジネス用のプロンプトの書き方を習得することで、誰でも、短期間でハイレベルなプロンプトを書くことができるようになります。

図1　プロンプト入力画面

　左上の🗒新しいチャットをクリックすると、下の方にプロンプト入力欄が表示されます。「こんにちは」と入力すると、返事が返ってきます。

図2　プロンプトの入力と回答の表示

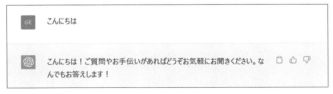

Section 4 ChatGPTを使ってみよう

それでは、ChatGPTを使えるようにします。

❶公式URLを開く

以下のURLを開いて「Sign up」をクリックします。

ChatGPT画面
https://chat.openai.com/auth/login

❷メールアドレスを入力

Create your account と聞かれるので、メールアドレスを入力し、Continueボタンをクリックします。

図3　アカウント作成ページ　　　図4　メールアドレス設定画面

❸パスワードを入力

　パスワードを聞かれるので、パスワードを入力します。

図5　パスワードの入力

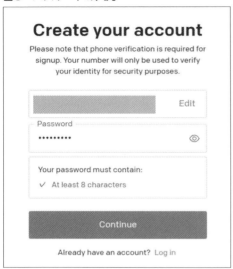

❹認証メール

　認証メールが送られてきます。「Verify email address」ボタンをクリックします。

図6　認証メールの画面

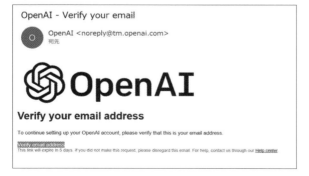

❺個人情報の入力画面（名前、生年月日）
　個人情報の入力画面を表示します。名前を英文字で、姓名の順で入力します。その後、生年月日を入力します。生年月日は、MM/DD/YYYYの形式で入力します。

図7　個人情報の入力画面（名前、生年月日）

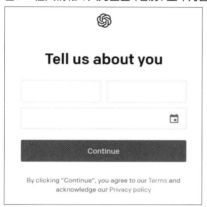

❻個人情報の入力画面（電話番号）
　携帯電話番号を登録します。これで登録完了です。

図8　個人情報の入力画面（電話番号）

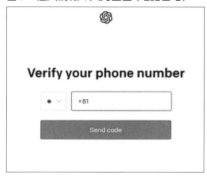

※本手順は、変更される場合があります。その場合は、インターネット上の情報等をご参考ください。

MEMO

第2章

企業で生成AIを
活用するために

　本章では、生成AIをビジネスで活用する際の注意事項と基本的な考え方について解説します。ハルシネーションや著作権問題、データの偏りなどのリスクを理解し、生成AIを効果的に利用するための具体的なアプローチを紹介します。また、生成AI時代に期待される人材像についても触れます。

Section 1

生成AIを活用する上での注意事項

　第2章では、生成AIを活用する上での重要な注意事項について解説します。生成AIの技術はビジネスの現場で強力なツールとなりますが、正しく利用するためには注意点を理解しておくことが不可欠です。それでは、具体的なポイントを見ていきます。

1 ハルシネーション（幻覚）のリスク

　生成AIは膨大なデータを基に文章を生成しますが、必ずしも正しい情報を提供するわけではありません。この現象を「ハルシネーション」と呼びます。特にビジネスでの利用時には、生成された情報の信頼性を必ず確認し、誤情報をそのまま受け入れないよう注意が必要です。生成された内容を自ら検証し、正確性を担保することが重要です。

2 著作権の問題

　生成AIが出力する内容には、元データに含まれる著作権の保護された情報が含まれる場合があります。例えば、有名な文学作品の一部がそのまま出力されることがあります。このような場合、著作権侵害のリスクがあるため、生成AIが生成した内容を利用する前に、必ずその内容が著作権を侵害していないか確認しましょう。

3 データの偏り

　生成AIは学習データに基づいて文章を生成しますが、その学習データに偏りがある場合があります。例えば、英語のデータが多く含まれている場合、英語圏の文化や習慣に基づいた回答が出ることがあります。異なる文化圏で使用する際には、その背景や文化を考慮して利用することが求められます。

4 機密情報の取り扱い

　生成AIに入力した情報は、そのまま学習データとして利用される可能性があります。例えば、パソコンのエラーメッセージ（パソコンの名前を含む場合等があります）やビジネスの機密情報を入力すると、それらの情報が外部に漏洩するリスクがあります。個人情報や機密情報を入力しないよう、十分注意が必要です。

5 最新情報の確認

　生成AIの学習データは常に最新の情報を反映しているわけではありません。例えば、お店の営業時間や営業状況などは最新の情報と一致しないことがあります。

6 セキュリティの問題

　生成AIを使ってプログラムを作成する際には、セキュリティの問題にも注意が必要です。生成AIが悪意のあるコードやセキュリティホールを含むコードを生成する可能性があります。生成されたコードは必ず専門家に確認してもらい、安全性を確保しましょう。

　これらのポイントを押さえて、生成AIを安全かつ効果的に活用しましょう。ビジネスの現場で生成AIを最大限に活用するためには、リスクを理解し、適切な対策を講じることが不可欠です。

〈参考資料〉生成AIのガイドライン
　生成AIのガイドラインです。ご参考ください。

「AI事業者ガイドライン検討会」による「AI事業者ガイドライン（第1.0版）」
（総務省、経済産業省）
https://www.meti.go.jp/shingikai/mono_info_service/ai_shakai_jisso/index.html

『生成AIの利用ガイドライン』第1.1版（一般社団法人　日本ディープラーニング協会）
https://www.jdla.org/news/202310060002/

Section 2 ビジネスシーンにおける生成AI 活用の基本的な考え方

生成AIは、ビジネスシーンにおいて強力なツールとなります。しかし、その利用にはいくつかのポイントがあります。本項は、ビジネスパーソンの皆様が生成AIを効果的に活用するためのポイントを解説します。

1 生成AIがコンピュータで動作するアプリケーションであることを意識する

生成AIは、基本的にはコンピュータ上で動くアプリケーションの一種です。人間との会話のようなやりとりができますが、実際はプログラムに過ぎません。そのため、生成AIに正確な情報を求めるには、適切な指示（プロンプト）を与えることが重要です。

プロンプトは、生成AIへの入力情報です。明確で具体的なプロンプトを与えれば、それに応じた適切な出力が得られます。逆に、曖昧な指示では、期待通りの結果は得られません。

人間同士の会話とは違い、生成AIは間違いを自動的に修正したり、曖昧な指示を察して正確な情報を返したりはしません。つまり、通常のアプリケーションと同じく、入力情報の質が出力情報の質を左右するのです。

この本では、生成AIに正確に意図を伝えるための「プロンプトエンジニアリング」という技術を解説します。適切なプロンプトを作成することで、生成AIからより正確で有用な情報を引き出す方法を学べます。

2 出力結果を意識してプロンプトを書く

ビジネスで生成AIを上手に使うコツは、欲しい情報をきちんと引き出せるように指示を出すことです。そのためには、まず自分が何を求めているのかをはっきりさせましょう。

頭の中で、生成AIからどんな答えが返ってくれば理想的なのかを具体的にイメージします。そのイメージを元に、生成AIへの指示を組み立てていきます。

例えば、欲しい出力形式のサンプルやフォーマットを示すことも効果的です。具体的な例やフォーマットを提示することで、生成AIは求める形に近い情報を出力します。

2-2 ビジネスシーンにおける生成AI活用の基本的な考え方

このように、求める結果をしっかりイメージしながら指示を出すことで、生成AIから
より役立つ情報を引き出せるようになります。

3 LLMを理解して活用する

生成AIの効果的な活用には、大規模言語モデル（LLM）の特性を理解することが不可
欠です。

生成AIの動作原理は確率的なモデルに基づいています。つまり、確率的に高いと考
えられる回答を生成しているのです。このため、論理的な正解を出力しているわけでは
ないことを認識しておく必要があります。

また、生成AIの創造性には制限があることを理解しておくことも重要です。生成AI
の出力は既存のデータに基づいているため、まったく新しい概念の創出には限界があり
ます。

4 ロジックは人が示す

生成AIを効果的にビジネスで活用するには、人間側が明確な指針を提供することが
重要です。生成AIは確率モデルに基づいて回答を生成するため、論理的で構造化され
た出力を得るには、私たちが論理構造を提示する必要があります。

具体的には以下のアプローチが有効です。

①論理的フレームワークの活用
明確な分析フレームワークを提示することで、生成AIはそれに沿った形で情報を整
理し、提供できます。

②時系列・手順・構造の明示
生成AIに対して、情報の時系列、プロセスの手順、またはデータの構造を明確に指示
することで、より整理された出力が得られます。

③対話の方向性の設定
生成AIとのやり取りの冒頭で、議論の流れや目的を宣言することで、より焦点を絞っ
た対話が可能になります。

④ロジックツリーの利用

　複雑な問題に対しては、ロジックツリーを示すことで、生成AIは階層的かつ構造化された回答を生成しやすくなります。

5　ツールとして使いこなす

　生成AIは強力なツールですが、その出力結果を鵜呑みにせず、適切に活用することが重要です。

①ツールとして認識

　生成AIを「口の立つ新入社員」として扱い、正確性の保証がないことを理解しましょう。

②下書きとして活用

　生成AIの出力を下書きとして利用し、必要に応じて修正・改善します。

③セキュリティリスクに注意

　入力した情報が学習データとして利用される可能性があるため、機密情報を入力しないようにしましょう。

④出力結果の検証

　生成された情報を必ず検証し、必要に応じて修正します。

　以上のポイントを押さえて、生成AIを効果的かつ安全に活用しましょう。本書を参考にすることで、ビジネスの現場で生成AIの力を最大限に引き出すことができます。

Section 3 生成AI時代に期待される人材像

1 経済産業省のとりまとめ報告書

　経済産業省のとりまとめた報告書に、「生成AI時代のDX推進に必要な人材・スキルの考え方」というものがあります。その中で、これから必要とされる能力として、以下が挙げられています。

生成AI時代のDX推進に必要な人材・スキル（リテラシーレベル）の考え方

- マインド・スタンス（変化をいとわず学び続ける）やデジタルリテラシー（倫理、知識の体系的理解）等
- 言語を使って対話する以上は必要となる、指示（プロンプト）の習熟、言語化の能力、対話力等
- 経験を通じて培われる、「問いを立てる力」「仮説を立てる力・検証する力」等

〈参考資料〉生成AI時代のDX推進に必要な人材・スキルの考え方（経済産業省）

デジタル時代の人材政策に関する検討会 報告書
https://www.meti.go.jp/shingikai/mono_info_service/digital_jinzai/20230807_report.html

2 経済産業省のとりまとめ報告書を踏まえた筆者の考え

上記について、これまでの経験を踏まえ、筆者なりに今後、必要とされる能力について説明を添えます。

①問いを立てる力

生成AIを活用するには、適切な質問、プロンプトを書く技術、プロンプトエンジニアリングの力の必要性は高まっていくと考えられます。

②批判的に見る力

生成AIの出力結果は、必ずしも正しいとは限りません。しかしながら、とても参考になります。参考情報として活用しつつ、「正しい結果ではないかもしれない」との視点を持つという、従来とは異なる批判的な視点を持つことが大切だと考えます。

③仮説を持つ力

生成AIは私たちに多様な可能性を提示してくれますが、その真価を発揮させるには、ユーザー側の力量も問われます。特に重要なのが、「仮説を持つ力」です。

③-1　生成AIはビジネス上の仮説を立案するためのツール

生成AIはビジネス上の仮説を立案するためのツールとして活用できます。生成AIの出力結果を実行する前に、その出力結果の根拠や仮説を考えてみましょう。

③-2　出力結果の根拠や仮説を検証する

生成AIの出力結果を実行し、うまくいった場合は良いのですが、うまくいかなかった場合には、仮説が間違っていたのか、あるいは新しいヒントがそこにあるのかを考えてみましょう。この仮説の検証を繰り返すことで、思考を深めていくことができます。

③-3　生成AIの言いなりにならない

生成AIに何かを入力すれば、何かしらの結果が得られます。しかし、その生成AIの出力結果をそのまま実行して、うまくいかなかったときに、何も考えずにもう一度出力するという繰り返しにはならないようにしましょう。安易に「生成AIが間違っていたからうまくいきませんでした。」と言い訳することのないようにしましょう。

第3章

ビジネスパーソンのためのプロンプトエンジニアリング

　生成AIは、プロンプトと呼ばれる入力情報を受け取ると、その
プロンプトに基づいて出力します。プロンプトの入力情報が正確
であれば適切な情報が出力されますが、あいまいなプロンプトの
入力情報の場合には、あいまいな結果しか得られません。生成AI
に意図が正確に伝わらなければ、必要な情報を得ることはできま
せん。適切なプロンプトを作ることで、より正確な情報を生成AI
から引き出すことができます。

Section

1 | プロンプトエンジニアリング

1 プロンプトエンジニアリングとは

　プロンプトエンジニアリングとは、自然言語処理モデルを効果的に制御・指示するための手法です。生成AIに対して、質問をすれば、何か答えてくれますが、時には期待する回答と異なる場合もあります。生成AIから欲しい回答を引き出すための技術と考えてください。

2 プロンプトエンジニアリングの指す内容について

　プロンプトエンジニアリングには、書籍やインターネット上の情報等、様々な視点があります。筆者自身の考えでは、これらの視点の違いは、何を目的とするかによって異なると考えています。

　生成AIを原理的に解説する場合、DAIR.AIの「Prompt Engineering Guide（32ページの1番目および2番目の資料）等が参考になります。しかし、実際に生成AIをビジネスに活用するためには、本書で解説する内容を考慮することが、より効果的に生成AIをビジネスに活用できます。

　そこで本書では、基本方針としてビジネス業務の遂行に焦点を当て、「ビジネス上の課題等を解決するために、生成AIから必要な回答を得るためのプロンプトを書く技術」として、プロンプトの書き方を解説しています。

3 プロンプトエンジニアリングに基づくプロンプトのメリット

メリット①：通常の言語でAIを操作する上での制御性の向上

　生成AIでは、プログラム言語で操作するのではなく、人が会話するような自然言語を使って操作します。このとき、生成AIに対して、プロンプトという入力指示により、適切な内容を生成AIに伝えます。プロンプトエンジニアリングでは、特定のタスクに適したプロンプトにより、生成AIを操作させることができます。

メリット②：必要な入力情報の明確化

　生成AIもコンピュータ上で動作するアプリケーションですので、操作する上で必要な情報を入力する必要があります。入力する情報が不足している場合、生成AIから追加の質問をされることがありますが、生成AIが「予想」「推定」し、その情報に基づいて、正確でない回答、あいまいな回答を出力することがあります。

　このため、生成AIに対し、背景、目的、前提条件等を適切に伝える必要があります。プロンプトエンジニアリングを習得すると、生成AIを操作する上で、必要な情報を伝えることができるようになります。

メリット③：目的に合った結果を得る

　プロンプトエンジニアリングを習得すると、求める結果に対して、適切な質問を作成することができます。つまり、プロンプトエンジニアリングを習得することで、適切な結果を得ることができます。

メリット④：ユーザーの試行錯誤の低減

　試行錯誤を低減できます。大規模言語モデルを自然言語で操作する上で、経験的な側面も多くあります。プロンプトエンジニアリングを習得することで、経験的に得られる操作方法を短期間で習得することができます。

4 プロンプトエンジニアリングの習得

　プロンプトエンジニアリングの習得には、時間と努力が必要な場合もあります。また、適切なプロンプトを見つけるためにはさまざまな試行錯誤が必要なこともあります。

　また、対象業務、目的によって、適切なプロンプトの書き方が異なる場合もあります。

5 まとめ

　本書では、できる限りビジネスでの活用を考慮したプロンプトエンジニアリングを解説しています。本書のプロンプトエンジニアリングをマスターすることで、ビジネスパーソンがより具体的で実用的で、生成AIを最大限に活用し、より質の高い回答を引き出すな回答を得ることができるようになることを目指しています。

プロンプトエンジニアリングに関する資料 コラム

　本書では、ビジネス活用視点のプロンプトの書き方としてのプロンプトエンジニアリングを解説しています。一方、生成AIの仕組みに基づいた基本的なプロンプトの書き方との観点では、以下の情報があります。

●プロンプトエンジニアリングガイド
　AIモデル（特に大規模言語モデル）に対して効果的に指示や質問を行うための技術や方法論が書かれています。興味のある方は、確認されると良いと思います。本書は、上記を踏まえつつ、ビジネス視点での応用、および、経験的な知見を解説しています。

Prompt Engineering Guide
https://www.promptingguide.ai

Prompt Engineering Guide（上記の日本語）
https://www.promptingguide.ai/jp

Prompt engineering (OPEN AI)
https://platform.openai.com/docs/guides/prompt-engineering/strategy-test-changes-systematically

プロンプト エンジニアリングの概要（マイクロソフト）
https://learn.microsoft.com/ja-jp/azure/ai-services/openai/concepts/prompt-engineering

プロンプト設計戦略（グーグル）
https://ai.google.dev/gemini-api/docs/prompting-strategies?hl=ja

プロンプトエンジニアリングとは何ですか？（AWS）
https://aws.amazon.com/jp/what-is/prompt-engineering/

Section 2

基本操作(簡単な質問と回答)

1 簡単な質問をする

　生成AIに対して単純な質問・指示をして答えを出力させます。生成AIに出力させる際、何をさせたいのか、明確に指示を出す必要があります。
　以下の「要約してください。」のような1回の入力で、求める出力を得る方法のことを、Zero-shotプロンプティングともいいます。

#指示
以下の文章を、150文字に要約してください。

#要約対象の文章
プロンプトエンジニアリングによって、求める結果に対して、適切な質問を作成することができます。つまり、プロンプトエンジニアリングを習得することで、適切な結果を得ることができます。
試行錯誤を低減できます。大規模言語モデルを、自然言語で操作する上で、経験的な側面も多くあります。プロンプトエンジニアリングを習得することで、経験的に得られる操作方法を短期間で習得することができます。

プロンプトエンジニアリングを習得すれば、求める結果に対して適切な質問を作成でき、試行錯誤を減らし、経験的な操作方法も短期間で習得できます。

●指示の方法について

　上記の例では、「#指示」や、「#要約対象の文章」は、プロンプトの中の情報を明確にするために「#」を付けて明示しています。プロンプトエンジニアリングガイドでは、指示の方法の例示として、「### 指示 ###」を挙げています。

プロンプトエンジニアリングガイド(プロンプトの設計に関する一般的なヒント)
https://www.promptingguide.ai/jp/introduction/tips

ChatGPTの登場当初、プロンプトの文字数制限が来るので、筆者は、「#指示」として、1文字でも減らす工夫をしていました。ChatGPTの場合、どちらでも動作します。「#指示」の方はなくても動作します。このプロンプトでは、要約の対象の文章がわかるように、明示しています。
　「要約対象の文章===」としても動作します。

● Zero-shotプロンプティング
　Zero-shotプロンプティングとは、ユーザーがモデルに対して何の例も提供せずに、求める出力を指示する方法です。例えば、「要約してください。」という指示を一度だけ入力して、その結果を得る場合です。この手法は、モデルが与えられた入力を元に、そのまま出力を生成するものであり、事前に具体的なサンプルやフォーマットを提供することはありません。

プロンプトエンジニアリングガイド（Zero-shotプロンプティング）
https://www.promptingguide.ai/jp/techniques/zeroshot

---

2 フォーマットの指定

　指定したフォーマットで回答を得ることができます。指定したフォーマットをプロンプトの中の情報に基づき、学習し、出力しています。

#指示
生成AIのデメリットを3項目示してください。
文章は、30文字以内とすること
回答は、以下のフォーマットとすること

#フォーマット
デメリット1
　デメリット1の内容、理由は以下の通りです。

デメリット2
　デメリット2の内容、理由は以下の通りです。

デメリット1
データの偏りによるバイアス　学習データに偏りがある場合、生成される結果にもそのバイアスが反映される可能性があります。注意が必要です。

デメリット2
意味の曖昧性への対応が難しい　言語は文脈や意味の曖昧性を含むことがあります。生成AIはそれを正確に理解するのが難しく、誤った情報を生成することがあります。

デメリット3
プライバシーや倫理的な問題　生成AIを使用する際には、個人情報や機密情報の保護、倫理的な使用に注意が必要です。不適切な生成結果や悪用のリスクもあります。

上記の「サンプルとしてフォーマットを与えた指示」のような、学習データを与える指示を、Few-Shotプロンプティングといいます。

●Few-shotプロンプティング
　Few-shotプロンプティングとは、ユーザーがモデルに対して少数のサンプルやフォーマットを提供し、それを基にモデルが求められる出力を生成する方法です。
　ベースとなっている大規模モデル（学習した内容）とは別に、そのプロンプトにおいて、少量のトレーニングデータを示し、学習させる手法です。必要な回答のフォーマットを指示する場合等によく用いられます。

 プロンプトエンジニアリングガイド（Few-Shotプロンプティング）
https://www.promptingguide.ai/jp/techniques/fewshot

Section 3 指定した方法で回答させるためのポイント

1 文字数を指定する

　生成AIの出力において、文字数を指定することができます。例えば、200～300文字程度と指定すると、生成AIは重要なポイントを押さえた簡潔な回答を生成します。
　例示します。

 200文字以内で回答してください。

これには以下のようなメリットがあります。

メリット①：読みやすさの向上
　短めの文章は読み手の負担を減らし、メッセージが伝わりやすくなります。

メリット②：重要情報の強調
　文字数制限により、生成AIは本当に必要な情報に絞って回答を作成します。

メリット③：ビジネス文書への適用
　メールや報告書など、簡潔さが求められる場面で特に有効です。

メリット④：誤解のリスク低減
　余計な情報が省かれることで、誤解を招く可能性が低くなります。

　文字数を適切に指定することで、効率的で明確なコミュニケーションが可能になります。

2 文章の表現方法を指定する

　生成AIに文章の表現方法を指定することで、目的に合った文章スタイルを簡単に得ることができます。

例①：メールの作成
　フォーマルな印象や親しみやすい雰囲気など、相手や状況に応じた適切なトーンを指定できます。

 フォーマルな文章で説明してください。

例②：報告書の作成
　簡潔で論理的な文体や、詳細な説明調など、目的に合わせたスタイルを選べます。

 業務報告書としてのスタイルで出力してください。

例③：マニュアルの作成
　わかりやすい指示書調や、専門的な解説調など、読み手のレベルに合わせた表現を指定できます。

 マニュアルとしての文章で説明してください。

　このように、生成AIに適切な「味付け」を指示することで、様々なビジネス文書の作成を効率化できます。場面や目的に応じて文体を使い分けることで、より効果的なコミュニケーションが可能になります。

3 生成AIの文章の味付けを調整する

　生成AIを活用してビジネス文書を作成する際、文章のトーン、テイスト、スタイルを調整することで、文章の味付けを変えることができます。これらの要素を適切に設定することで、目的や読者に合わせた効果的な表現を実現できます。

　ここでは、ビジネスシーンでよく使われるトーン、テイスト、スタイルについて解説します。

●トーン（Tone）

　トーンは、文章全体の感情や態度を表現します。書き手が伝えたい雰囲気や感情を示し、読者に与える印象を決定します。例えば、トーンがフォーマルであれば、尊敬や真剣さが伝わり、カジュアルであれば親しみやすさが強調されます。

●テイスト（Taste）

　テイストは、文章の個性や独自の風味を指します。文章のニュアンスや書き手の個性を表現し、ブランドイメージや製品の特徴を強調します。テイストがフォーマルであれば、高級感や品質の良さが伝わり、カジュアルであれば気軽さや親しみやすさが際立ちます。

●スタイル（Style）

　スタイルは、文章の構造や形式、言葉づかいの特徴を示します。情報がどのように整理され、提示されるかを決定します。フォーマルなスタイルでは、論理的で整然とした文章が求められ、カジュアルなスタイルでは自由でリラックスした形式が用いられます。

　文章を「フォーマルにしてください」または「カジュアルにしてください」と生成AIに指示することもできますが、トーン、テイスト、スタイルを指定することで、さらに細かく調整することができます。

　フォーマルおよびカジュアルな設定の例を以下に示します。トーン、テイスト、スタイルをどう指定するかによって、文章がどのように変化するかを確認してみましょう。

3-3 指定した方法で回答させるためのポイント

●フォーマルの設定例

• フォーマルなトーン

> お世話になっております。本プロジェクトに関しまして、重要なご連絡がございます。ご確認のほど、よろしくお願い申し上げます。

効果：このトーンでは、読者に対して敬意を示し、メッセージの重要性を強調します。そのため、公式な場面やビジネスの重要なコミュニケーションに適しています。

• フォーマルなテイスト

> 当社の新製品は、業界最高の品質を誇ります。貴社のビジネスに大いに貢献できると確信しております。

効果：このテイストでは、文章に高級感や信頼感が加わり、製品やサービスの価値を強調します。顧客に対して「この製品は信頼できる」という印象を与えます。

• フォーマルなスタイル

> このレポートは、以下の章立てで構成されています。第1章では市場調査結果、第2章では競合分析、第3章では戦略提案を詳述します。

効果：論理的で整然とした構成により、読者に対して専門的で信頼性の高い情報を提供します。公式文書やビジネスレポートに最適です。

●カジュアルの設定例

• カジュアルなトーン

> こんにちは！新しいプロジェクトの進捗についてお知らせです。ちょっとした問題もありますが、すぐに解決できると思います。よろしくお願いします！

効果：親しみやすくリラックスした印象を与えます。特にチーム内のコミュニケーションやカジュアルな連絡に適しています。

- **カジュアルなテイスト**

> 新製品、超カッコいいですよ！ぜひ試してみてください。毎日の生活がもっと楽しくなること間違いなしです。

効果：このテイストでは、製品の親しみやすさや楽しさが強調されます。消費者の興味を引き、積極的に試してみたいという気持ちを喚起します。

- **カジュアルなスタイル：**

> レポートをざっくりお伝えします。進行状況はこんな感じで、次にやるべきことはこれです。楽しく読んでくださいね！

効果：リラックスした形式で情報を伝え、読者との距離感を縮めます。チームメンバーとの内部コミュニケーションや、フランクな報告書に適しています。

表1　トーンの指定パターンの例

トーンの項目	説明
フォーマル	礼儀正しく、公式な印象を与える
カジュアル	親しみやすく、リラックスした印象を与える
説得力のある	読者を説得しようとする態度を示す
自信に満ちた	強い確信や自信を表現する
緊急	重要性や緊急性を強調する
明確な	はっきりとした情報を伝える
感謝の気持ち	感謝やお礼を伝える
謙虚	控えめで謙遜する態度を示す
丁寧	慎重で配慮のある態度を示す
冷静	感情を抑え、客観的に情報を提供する
協力的	サポートや協力を促す
積極的	前向きな態度や行動を促す

3-3 指定した方法で回答させるためのポイント

表2 テイストの指定パターンの例

テイストの項目	説明
フォーマル	高級感や品質の良さを強調する
カジュアル	親しみやすく、気軽な印象を与える
プロフェッショナル	ビジネスにおいて信頼感や専門性を示す
エレガント・上品	洗練された美しさや高貴さを強調する
フレンドリー	親しみやすさやリラックスした印象を与える
シンプル	簡潔でわかりやすい印象を与える
知的	知識や知性を示す
情熱的	強い熱意や感情を込めた表現
信頼性のある	高い信頼感を表現する
モダン	現代的で革新的な印象を与える

表3 スタイルの指定パターンの例

スタイルの項目	説明
フォーマル	論理的で整然とした文章形式
カジュアル	自由でリラックスした文章形式
ストーリーテリング	物語風に情報を展開する
直接的	短く簡潔に要点を伝える
詳細な	詳しく説明して理解を深める
リスト形式	箇条書きで情報を整理する
質疑応答形式	質問と回答の形式で情報を伝える
対話形式	対話を用いて情報を伝える
レポート形式	系統的で構造的な情報提供
プレゼンテーション形式	スライドや箇条書きで視覚的に伝える
マニュアル形式	操作手順や説明書的な形式
メール形式	短く明確なビジネスメールのスタイル

3

ビジネスパーソンのためのプロンプトエンジニアリング

4 回答を読む読者のレベル、対象読者を指定する

　効果的なコミュニケーションの秘訣は、読み手に合わせた情報提供です。生成AIを使う際も、読み手を意識した出力をさせることは、生成AIを使って文章を作成する際の重要なポイントの1つです。
　具体的には、生成AIに対して読者のレベルや対象を指定します。

例①：新入社員向け
　基本的な概念から丁寧に説明し、専門用語を避けたわかりやすい内容になります。

例②：経営層向け
　ポイントを絞り、数字や戦略的な視点を重視した内容になります。

例③：技術者向け
　専門的な詳細情報を含み、技術的な用語を適切に使用した内容になります。

例④：一般顧客向け
　専門用語を避け、製品やサービスのメリットをわかりやすく説明する内容になります。

　このように、読者のレベルや立場を指定することで、生成AIは適切な深さと表現で情報を提供します。これにより、読み手の理解度が高まり、コミュニケーションの効果が大幅に向上します。

対象レベルの指定

 中学生にもわかるように説明してください。

初心者にもわかるように説明してください。

 高校生にもわかるように説明してください。

3-3 指定した方法で回答させるためのポイント

対象者を指定

以下のように指定すると、詳細な技術情報が含まれた高度な内容が得られます。

 報告書を作成してください。対象読者は、納入先の品質管理担当者です。

一方、以下のように指定すると、専門家でなくとも、わかりやすい文章を得られます。

 報告書を作成してください。対象読者は、お客様相談センターに問い合わせをされたお客様です。

表4　ビジネスシーンでの指定の例

読者の指定	特徴
新入社員向け	基本的な概念から丁寧に説明、専門用語を避ける
経営層向け	ポイントを絞る、数字や戦略的視点を重視
技術者向け	専門的な詳細情報、技術的用語を適切に使用
一般顧客向け	専門用語を避け、メリットをわかりやすく説明
中間管理職向け	具体的な実施方法と期待される成果を重視
営業部門向け	商品の特徴と顧客メリットを簡潔に説明
人事部門向け	法令遵守と従業員のモチベーション向上を意識
財務部門向け	数字と財務用語を適切に使用、リスク分析を含める
海外取引先向け	文化の違いに配慮し、シンプルな表現を使用
株主向け	業績と将来の見通しを重視、専門用語は説明付き
法務部門向け	法的リスクと対策を詳細に説明
マーケティング部門向け	トレンドと顧客ニーズの分析を重視
R&D部門向け	最新の技術動向と研究の可能性を詳細に説明
製造部門向け	生産プロセスと品質管理に焦点を当てる
コールセンター向け	顧客対応の具体的なスクリプトとFAQを提供
広報部門向け	メディア向けの表現と危機管理の観点を含める
投資家向け	財務指標と市場動向の分析を重視
パートナー企業向け	協業のメリットと具体的な連携方法を説明
新規事業部門向け	市場機会とリスク分析を詳細に提供
内部監査部門向け	コンプライアンスと内部統制の観点を重視

5　生成AIの役割を指定する

　生成AIを最大限に活用するためには、その質問に対する生成AIの役割を明確に指定することが重要です。

　役割には、2つの側面があります。1つは、職業的な役割（Identity）、もう1つは、行動上の役割（Role）です。それぞれについて、具体例を交えながら解説します。

❶職業的な役割（Identity）

　職業的な役割を指定することで、生成AIはその職業に特有の視点や知識をもとに回答を提供します。これにより、特定の専門分野における深い洞察や実践的なアドバイスを得ることができます。

ケーススタディ1：マーケティングコンサルタントとしての生成AI

> あなたは、マーケティングコンサルタントです。マーケティングコンサルタントとして、新製品を効果的に市場に投入するための戦略を教えてください。

　この指定により、生成AIはマーケティングの専門知識を持つコンサルタントの視点から、具体的な市場分析、ターゲット顧客の特定、広告キャンペーンの計画等、専門的で実践的なアドバイスを提供します。

❷行動上の役割（Role）

　行動上の役割を指定することで、生成AIは特定の行動やタスクに基づいた回答を提供します。これにより、具体的な手順やアクションプランを得ることができます。

ケーススタディ2：プロジェクトマネージャーとしての生成AI

> あなたは、プロジェクトマネージャーです。プロジェクトマネージャーとして、新しいプロジェクトを立ち上げ、進行管理を行うためのアドバイスをしてください。

　この指定により、生成AIはプロジェクトマネージャーの視点から、プロジェクト計画の立案、リソースの配分、スケジュール管理、リスク管理など、具体的な行動指針を提供します。

3-3 指定した方法で回答させるためのポイント

❸職業的な役割（Identity）と行動上の役割（Role）の考慮

　職業的な役割（Identity）と行動上の役割（Role）の指定により、生成AIの回答には立場の違いが現れます。例えば、マーケティングコンサルタントとしての視点は、マーケティング戦略全般に関する深い洞察を提供しますが、プロジェクトマネージャーとしての視点は、プロジェクトの実行や管理に焦点を当てた具体的な手順を提供します。

　職業的な役割（Identity）は、特定の専門分野における深い知識と洞察を求める際に有効です。

　行動上の役割（Role）は、具体的な行動や手順を求める際に有効です。

ChatGPTに聞いてみました。

ChatGPTに、職業的な役割（Identity）、行動上の役割（Role）の違いはあるのでしょうか。
これらは、内部的なパラメータとして、明確に区別されているのでしょうか。
その違いを説明してください。

ChatGPTの「職業的な役割（Identity）」と「行動上の役割（Role）」の違い

ChatGPTのようなAIにおいて、「職業的な役割（Identity）」と「行動上の役割（Role）」の違いについて考える際、これらは特定の内部パラメータとして区別されているわけではありません。しかし、主にユーザーのインタラクションや期待される機能に基づいて異なる概念として理解されています。

職業的な役割（Identity）
職業的な役割とは、AIが持つ特定の専門的な役割や機能を指します。例えば、ChatGPTが「教師」としての役割を果たす場合、その知識と機能は教育的な内容の提供や指導に重点を置きます。この場合、以下のような特性が求められます：

専門知識：特定の分野（例：数学、歴史、科学など）に関する深い知識。
教育的手法：効果的な指導方法や説明の仕方。
信頼性：提供する情報の正確性と信頼性。

行動上の役割（Role）
一方、行動上の役割とは、特定の状況や文脈におけるAIの機能や行動の仕方を

指します。これは、ユーザーのニーズに応じて動的に変化するものであり、特定の職業的役割に限定されません。例えば、以下のようなシナリオが考えられます：

相談役：ユーザーが個人的な問題について相談する場合、共感的かつ支援的な応答を提供する。
アシスタント：タスクの遂行や情報の提供において迅速かつ効率的にサポートする。
クリエイティブパートナー：ユーザーのアイデアやプロジェクトに対してクリエイティブなインプットを提供する。

内部的なパラメータの違い
ChatGPTの内部的な構造において、これらの役割が明確に区別されるパラメータとして存在するわけではありません。しかし、ChatGPTはトレーニングデータ、ユーザーインプット、対話の文脈を理解し、特定の役割に応じた適切な応答を提供することができます。

表5　ビジネスシーンで使われる職業的な役割（Identity）

方法	説明
マーケティングコンサルタント	マーケティング戦略や市場分析に特化した専門家
プロジェクトマネージャー	プロジェクトの計画、実行、管理を行う専門家
データサイエンティスト	データ分析と統計に基づく洞察を提供する専門家
財務アナリスト	財務データの分析と経済予測に特化した専門家
人事マネージャー	人材採用、育成、評価を担当する専門家
UXデザイナー	ユーザー体験の設計と改善を行う専門家
経営コンサルタント	企業の経営戦略や組織運営を支援する専門家
法務アドバイザー	法律に関するアドバイスを提供する専門家
ITマネージャー	ITシステムの管理と運用を担当する専門家
セールスマネージャー	販売戦略とチームの管理を担当する専門家
オペレーションマネージャー	企業の運営とプロセス改善を担当する専門家
ブランドマネージャー	ブランド戦略とマーケティングを担当する専門家

3-3 指定した方法で回答させるためのポイント

方法	説明
研究開発マネージャー	新製品や技術の開発を担当する専門家
カスタマーサポート マネージャー	顧客対応とサポートを管理する専門家
購買マネージャー	仕入れとサプライチェーン管理を担当する専門家
トレーナー	社員の研修とスキル開発を担当する専門家
リスクマネージャー	企業のリスク評価と管理を担当する専門家
デジタルマーケティング スペシャリスト	オンラインマーケティングとデジタル戦略を担当する 専門家
ビジネスアナリスト	ビジネスプロセスの分析と改善を担当する専門家
クリエイティブディレクター	クリエイティブなプロジェクトの方向性を示す専門家

表6　ビジネスシーンで使われる行動上の役割 (Role)

方法	説明
プロジェクト立ち上げ	新しいプロジェクトの開始と計画を行う役割
リスク管理	プロジェクトや業務のリスクを特定し、対応策を講じる役割
チームビルディング	チームの結束力を高め、効果的なチームを作る役割
プレゼンテーション	情報やアイデアを効果的に伝えるためのプレゼンを行う役割
進行管理	プロジェクトや業務の進捗を監視し、管理する役割
顧客対応	顧客からの問い合わせや問題に対応する役割
データ分析	データを収集し、分析して洞察を提供する役割
予算管理	プロジェクトや部門の予算を管理する役割
競合分析	市場の競合他社を分析し、競争戦略を策定する役割
業績評価	社員やチームの業績を評価し、フィードバックを提供する役割
資源配分	リソースを適切に配分し、効果的に活用する役割
トレーニング	社員のスキルアップや知識向上のための研修を行う役割
イノベーション推進	新しいアイデアや技術を導入し、企業の革新を推進する役割
クライシスマネジメント	緊急事態や問題発生時に迅速に対応し、解決策を講じる役割
コンプライアンス監視	法律や規則に準拠していることを確認し、違反を防止する役割
マーケットリサーチ	市場調査を実施し、消費者のニーズやトレンドを分析する役割

方法	説明
プロセス改善	業務プロセスを分析し、効率化や改善を図る役割
パートナーシップ構築	ビジネスパートナーとの関係を構築し、協力体制を強化する役割
顧客満足度調査	顧客の満足度を測定し、改善点を特定する役割
イベント企画	企業イベントの計画と実施を担当する役割
ソーシャルメディア管理	企業のソーシャルメディア戦略を策定し、管理する役割

　行動上の役割（Role）は、「アドバイザー」のように指定することもできますが、特定の業務が明確な場合には、上記の表のように具体的な行動に焦点を当てて指定することで、生成AIからより実践的で具体的なアドバイスや行動提案を引き出すことができます。

6　具体的な質問を指定する

　ビジネスにおいて、すみやかにニーズに合った情報を得ることは非常に重要です。生成AIに具体的な質問をすることで、必要な情報を迅速かつ的確に入手し、その情報を実際のビジネス戦略に活用することができます。これにより、業務の効率が向上し、競争力を高めることができるのです。具体的な質問をすることは、生成AIを最大限に活用するための鍵です。

●効果①：的確な情報

　具体的な質問をすることで、生成AIは求める情報を的確に提供できます。これにより、情報の精度が向上します。

●効果②：時間の節約

　具体的な質問により、必要な情報に直接アクセスできるため、試行錯誤の時間を大幅に短縮できます。

●効果③：実用性の向上

　具体的な質問をすることで、生成AIから得られるアドバイスが実際に使えるものになります。これにより、ビジネス現場で即座に実行できる具体的なステップや戦略を得ることができます。

3-3 指定した方法で回答させるためのポイント

●抽象的な質問

 プロジェクトを成功させるためのコツを教えてください。

●具体的な質問

 新製品開発プロジェクトにおいて、初期段階でのリスク管理の方法について教えてください。
特に、技術的リスクと市場リスクの両方を考慮した方法を説明してください。

7 質問の目的や背景を指定する

　生成AIを効果的に活用するためには、質問する際に目的と背景を加えることが重要です。これにより、生成AIからより質の高い情報やアドバイスを得ることができ、ビジネスにおいて大きなメリットを享受できます。

●効果①：関連性の高い回答
　質問に目的と背景を加えることで、生成AIは質問の意図や文脈をより深く理解できます。これにより、提供される情報があなたのニーズにより合致したものとなります。

●効果②：具体的なアドバイス
　質問に目的と背景を含めることで、生成AIから得られるアドバイスが欲しい情報に近づきます。これは、ビジネスの意思決定において非常に有用です。

●効果③：問題解決の効率化
　目的と背景を明確にして質問することで、生成AIは課題に対する具体的かつ効果的な解決策を提供しやすくなります。これにより、問題解決に役立てることができます。

8 回答の制限条件を明示する

　生成AIを効果的に活用するためには、質問に回答の制限条件を明示することが重要です。このように、回答の制限条件を明示することで、生成AIからより的確で有益な情報を得ることができます。このアプローチにより、生成AIは特定の範囲内で回答を生成し、不必要な情報を排除できます。以下に、その利点を詳しく解説します。

●効果①：回答の精度向上

　制限条件を明示することで、生成AIは特定の基準に基づいた情報を提供します。これにより、情報の精度が向上し、ビジネスに直結するアドバイスを得ることができます。

●効果②：実用性の向上

　制限条件を設けることで、生成AIはニーズに即した実用的な情報を提供できます。制限条件を明確にすることで、ビジネス現場で直ちに役立つ具体的な情報を得ることができます。

●効果③：不要な情報の排除

　質問に制限条件を加えることで、生成AIは不要な情報を排除し、必要な情報だけを提供します。これにより、情報の取捨選択にかかる時間を節約し、効率的に目的に合致したデータを収集できます。

9 サンプルフォーマットを提示する

　生成AIから情報を引き出す際にサンプルフォーマットを提示することで、生成AIは明確なガイドラインに従って情報を整理し、出力できます。

●事例①：議事録の作成

　会議の議事録は、決定事項、合意事項、その他の連絡事項に分けて整理する必要があります。生成AIを使って議事録を作成する際には、以下のフォーマットが有効です。
　こうすることで、後から見返したときに内容をすぐに把握でき、意思決定のプロセスが明確になります。

　決定事項：会議で決定された事項を明確に記載します。
　合意事項：参加者全員が合意した内容を記載します。
　意見：議論中に出た意見や提案を記載します。

●事例②：事実と推定の分離

　報告書では、事実と推定や考察を明確に分けることが重要です。生成AIを使って報告書を作成する際には、以下のフォーマットを使用することが有効です。
　こうすることで、読者は事実に基づく部分と解釈や考察を区別して理解できます。

　事実：実際に確認されたデータや出来事を記載します。
　推定：データや出来事から導き出された推定や考察を記載します。

●事例③：時系列での整理

　生成AIの出力結果は、確率的に高い内容を順番に出力するため、そのままだと順番が乱れてしまうことがあります。時系列に沿って情報を整理することで、実行の流れが明確になります。例えば、プロジェクトの進行状況を報告する際には、以下のフォーマットが有効です。
　以下の指示を与えることで、報告内容が一貫し、進行状況を一目で把握できます。

　開始：プロジェクトの開始日時や最初のステップを記載します。
　進行：各ステップの進行状況や出来事を時系列に沿って記載します。
　完了：プロジェクトの完了日時や最終結果を記載します。

Section 4 回答の精度を高めるためのプロンプト技術

　生成AIの出力結果は確率的に高いものを選んでいるため、常に正しいとは限りません。ビジネスにおいて正確な情報を得るためには、プロンプトの工夫が不可欠です。そこで、精度の高い回答を引き出すためのプロンプト技術が求められます。

1 生成AIと壁打ちをする

　生成AIを用いて問題解決のための壁打ちや議論を行うことができます。ビジネス上の「壁打ち」とは、自分の考えを他者に聞いてもらい、質問に答えながら頭を整理したり、漏れを無くしたりするプロセスです。理想的には、専門家に聞いていただくとレベルの高い壁打ち、議論、相談ができ、自分の考えに対して、ブラッシュアップ、レベルアップが可能です。

　ただし、専門家の方に聞いていただくには、お金もかかり、時間も限られ、気軽にはできません。しかしながら、生成AIを活用することで、誰でも、いつでも、レベルの高い、オーダーメイドの壁打ち、より深い相談、議論ができるようになります。

●生成AIとの壁打ちのコツ
　①職業的な役割（Identity）に専門家、②行動上の役割（Role）にアドバイザーを設定することで、専門家のアドバイスを得ることができます。

2 2段階で回答させる

　生成AIの出力結果は、確率的に高いものを選んで出力しており、正解を選んでいるわけでもなく、回答をチェックして出力しているわけでもありません。

　生成AIの出力結果を少しずつ出力してその都度チェックすることで、より正確な回答を引き出せます。一度に大量の情報を処理するのではなく、段階的にプロンプトを入力し、精度を高める工夫が重要です。

3 何回かに分けて質問する

　生成AIに長い文章を入力する際の方法を説明します。生成AIには一度に処理できる文字数に制限があるため、長文を扱う場合は工夫が必要です。そこで、以下の手順をお勧めします。

文章の分割	：長い文章を適当な長さの複数のセクションに分けます。
生成への宣言	：最初のプロンプトで「この文書は3回（または必要な回数）に分けて入力します」と生成に伝えます。
段階的な入力	：分割したセクションを、1回ずつ順番に生成に入力していきます。

　この方法を使えば、生成AIは全体の文脈を理解しながら、長い文章の情報を正確に処理できます。また、各セクションの入力後に質問や指示を出すこともできるので、より柔軟な対話が可能になります。

4 質問を理解したのかを確認する

　生成AIは、出力結果が間違っていても、さも、正しいかのごとく出力します。さらに、指示の内容を「理解」していなくても、さも、正しいかの如く、答えようとします。

　そこで、「○○を知っていますか？」のように、まず質問内容を理解したか確認し、間違っている場合は正確な情報を与えることで、正しい回答を引き出します。

5 実例を踏まえて回答させる

　生成AIの回答は、確率的に高いものを選んでいるため、一般的な情報が多くなりがちです。「実例を踏まえて回答してください」と付け加えることで、よりリアリティのある回答を得ることができます。

　プロンプトに、「実例を踏まえて回答してください。」のように付け加えます。

　そのように付け加えたから、ChatGPTが事実を語るかどうかはさておき、ChatGPTの出力する文章がリアリティ感を増すように思います。

6 具体的に回答させる

　生成AIの出力は、そのままでは、業務上のアクションに結びつきにくい場合があります。「具体的に提案してください」とプロンプトに加えることで、業務上のアクションに結びつきやすい具体的な回答を引き出すことができます。

7 深く考察させる

　「よく考えて出力してください」や「熟考して出力してください」と付け加えることで、生成AIからよりキレのある回答を得ることができます。

　生成AIの出力結果を読んでいて、いかにも平均的な内容が並んでいて、もう少し、キレのある回答は得られないものかと、試行錯誤をし、検討しました。その結果、「よく考えて出力してください。」「熟考して出力してください。」と付け加えると良いことがわかりました。

　生成AIといえども、プログラムによって動作するものなので、「出力してください。」と、「よく考えて出力してください。」に違いはないのではないかと思いましたが、比較すると、より良い回答を得られるように思います。

　そこで、本書において、随所に、「実例を踏まえて、具体的に熟考して提案してください。」とプロンプトの最後に付けているケースがあります。

　ChatGPTに確認しました。

　「回答してください。」と質問する場合と、「よく考えて回答してください。」と付け加える場合では、生成AIの回答の質や深さに違いが生まれます。

・「回答してください。」の場合：
標準的で一般的な回答が提供されるが、詳細や深い考察が不足することがある。

・「よく考えて回答してください。」の場合
より深く検討された詳細で具体的な回答が得られる可能性が高い。

・まとめ
「よく考えて回答してください。」というフレーズを使うことで、生成AIからより質の高い情報を引き出せます。ビジネスシーンでは、特に複雑な問題や深い洞察

が求められる場面で効果的です。プロンプトの工夫次第で、生成AIの回答の質を向上させることができます。

8 回答の出力を繰り返す

「〇〇について、20個提案してください」のように複数の回答を求め、その後に「追加で10個提案してください」と繰り返し問いかけることで、漏れのない出力が可能です。さらに、「追加で、10個、提案してください。」のように繰り返し、問いに対して、確率的に低い回答を出力させます。その回答を見ながら、自分の考えに漏れがないかチェックすることができます。

9 回答の内容を解説させる

生成AIが出力した回答が正しくても、理解できない場合があります。その際には、生成AIに対して解説を求めることで、内容の理解を深めることができます。

例えば、プログラミングの際に生成AIを活用する場合、プログラムが正しく動作していても、コードの内容を完全に理解できないことがあります。そのような場合、生成AIに解説を出力させることで、プログラムの動作や構造についての理解を深めることができます。このようにして、生成AIをより効果的に活用し、自分の知識を補完することができます。

10 既存のフレームワークを活用する

ビジネスで使われるフレームワークを活用して情報を整理し、その状態で生成AIに入力することで、精度の高い回答を得ることができます。例えば、マーケティングのフレームワークを使用すると、生成AIはそのフレームワークに基づいた戦略立案の学習データをもとに回答を出力します。

本書では、第6章でビジネスで使われるフレームワークの活用方法を解説します。

11 プロセス順に出力させる

　生成AIは、多くの情報を出力しますが、単純に質問すると、必ずしも実践的な順序で情報を提供してくれるとは限りません。そこで、「プロセス順に出力させる」というテクニックが役立ちます。

　このテクニックのポイントは以下のとおりです。

ポイント①：フレームワークの活用

　例えば、品質管理で有名なシックスシグマというフレームワークには、DMAICというプロセスが定義されています。このようなプロセス順のフレームワークがあれば、そのフレームワークを指定して、「DMAICのプロセス順にタスクを出力してください」と指示します。

ポイント②：汎用的なプロセスの指定

　特定のフレームワークがない場合は、「PDCA順で出力してください」といった指示も効果的です。

ポイント③：カスタムプロセスの定義

　必要に応じて、自分でプロセスを定義し、それに従って出力するよう指示することもできます。

　このアプローチの利点は、生成AIからの情報が実際のアクションにつながりやすい順序で提供されることです。時系列に沿ったアウトプットなので、すぐに実践に移せるのが大きなメリットです。

　ビジネスの現場では、情報を得るだけでなく、それをどうアクションに結びつけるかが重要です。このテクニックを使えば、生成AIの力を最大限に引き出しつつ、実践的で使いやすい情報を得ることができます。

12 〇〇の理論に従い回答させる

生成AIは、何も理論的な背景もなく、回答を出力します。それでは、深い内容を出力しませんので、例えば、「〇〇について、マイケル・E・ポーターの競争戦略に基づいて戦略を立案してください」といった形で、特定の理論に基づいて回答させることで、深い内容の回答を得ることができます。

理論によっては、生成AIにその理論の内容を知っているか確認し、知っていない場合は生成AIが英語で学習データを持っている場合がありますので、英語でももう一度確認するのも1つの方法です。

13 リスク評価に生成AIを活用する

ビジネスにおけるリスクには、容易に把握し対応できるものもありますが、想定外の問題が発生することもあります。そうしたリスクの漏れを防ぐために、生成AIを活用することができます。

生成AIは多くの情報を学習しており、類似案件の失敗事例を出力することで、潜在的なリスクを洗い出すことができます。本書では、第7章で解説します。

14 質問を繰り返し、フォーカスしていく

壁打ちについて、内田和成元早稲田大学大学院教授は、壁打ちしながら、フォーカスしていくとお話をされていました。生成AIと質問をしながら、論点についてフォーカスしていくと良いと思います。

15 生成AIの出力結果を別の視点でチェックさせる

生成AIで出力した結果を、さらに別の役割（Identity）でチェックすると良いと思います。

企画部門の作成した資料を営業部門の視点でチェックする場合は、生成AIの役割に、企画部門のマネージャーだけでなく、営業部門のマネージャーを設定します。

生成AIに仮説を立案させた場合、リチャード・P・ルメルトは著書『良い戦略、悪い戦略』の中で、良い仮説とは、科学的であると述べています。生成AIの出力した結果が科学的であるか確認するのも良いと思います。

16 プロンプトの流れを宣言する

「プロンプトの流れを宣言する」という方法は、生成AIとの対話をより構造化し、目的に沿った結果を得るのに非常に有効です。

最初のプロンプトで、これからの対話の流れを明確に示します。例えば、「問題分析→原因特定→解決策提案」のように宣言します。

生成AIは単に確率的に回答を生成するため、論理的な思考プロセスで回答を作成しません。そのため、人が論理的な枠組みを提供する必要があります。

宣言した流れに沿って、一歩ずつ生成AIとやり取りを進めます。これにより、問題解決や仮説立案といった複雑なタスクも効果的に進めることができます。つまり、この方法を使えば、生成AIとの対話に慣れていない初心者の方でも、論理的で的確な解決案を導き出すことができます。

本書では、8章に問題解決のプロンプトを解説します。このテクニックを活用しておりますので、初心者の方でも、生成AIを強力な思考支援ツールとして使いこなせるようになります。ぜひ、日々の業務で活用してください。

17 例外の出力を指示する

生成AIは通常、最も確率の高い答えを出すシステムです。そのため、特別な指示をしない限り、めったに起こらないような特別な状況や変わったケースについて、うまく答えられないことがあります。しかし、ビジネスの現場では、そのような状況に対応することが大切です。生成AIにそうした特別な状況の情報を出力させるには、具体的にどう答えてほしいかを指示する必要があります。

例えば、「例外の事例を説明してください」「一般的でない事例を挙げてください」や「稀なケースについて説明してください」といった具体的な指示のプロンプトを与えることで、生成AIは通常とは異なる、確率の低い回答（普段は出てこない珍しい回答のこと）を出すようになります。

また、次の質問でも、生成AIの回答の幅を広げ、多様な視点を引き出すことが可能です。例えば、「創造的な解決策を5つ挙げてください」や「一般的ではないアイデアを提案してください」といった具体的な指示を出すと、生成AIは普通とは違うユニークな回答を出すようになります。

ただし、例外的な出力を求める場合、そのようなケースが学習データに少ないため、出力結果が正しいかどうか、妥当かどうかをしっかりと確認することが重要です。

付け加えることで回答品質を向上させることができる文章

生成AIを活用する際、プロンプトに目的、背景、質問事項を明確に含めるだけでなく、補足的な文章を追加することで、より良い回答を得られることが分かりました。

以下に事例を紹介します。これ以外にも、皆さまの業務分野においてより良い方法が見つかるかもしれませんが、汎用的なものを解説しています。適宜、プロンプトに追加してみてください。

特に最初の3つは、非常によく使います。

1 実例を踏まえ、よく考えて具体的に提案してください

生成AIの回答は、確率的に高いものを選ぶため、一般的な情報が多くなりがちです。よりリアリティのある回答を求めるためには、「実例を踏まえて回答してください」と指示すると効果的です。生成AIの出力結果は、必ずしも正確ではない、実例とは限らない、という意見もありますが、実例を求めることで生成AIはリアルなケースを作り出そうとします。「よく考えて」と付け加えると、生成AIはより正確な内容を提供しようとし、「具体的に」を加えることで、具体性のある回答が得られます。

この指示は、私が生成AIに入力する中で最も頻繁に使うフレーズです。個別の質問を除いて、最も多く入力したフレーズであり、この文章自体が「単語の登録」がされています。

このプロンプトのメリットは以下のとおりです。

メリット①：実践的な提案

実例を踏まえた提案は、抽象的な理論ではなく、現実世界で効果が確認された方法に基づいています。これにより、ビジネスの現場ですぐに適用できる実践的なアイデアが得られます。

メリット②：理解しやすさの向上

具体的な実例があると、複雑な概念や戦略をよりわかりやすく理解できます。抽象的な説明だけでなく、実際のケースを通じて説明されることで、アイデアの適用方法や期待される結果がイメージしやすくなります。

メリット③：信頼性の確保

　実例に基づいた提案は、単なる推測や理論ではなく、実績のある方法であることを示します。これにより、提案の信頼性が高まり、意思決定者を説得する際の強力な根拠となります。

2 時系列に従い、ステップバイステップで具体的に解説してください

　生成AIは確率的に高い回答を提供するため、論理的な正確性よりも最もあり得る回答を生成します。このため、何も指示することなく出力した結果は、そのままだと順番がおかしくて実行するのが困難な場合があります。

　「時系列に従い、ステップバイステップで具体的に解説してください。」と付けくわえることで、実行しやすい順番で出力します。

　このプロンプトのメリットは以下のとおりです。ChatGPTに確認しました。

　・**時系列に従ったタスク提案のメリット**
　「プロジェクトの全体スケジュールに従い、各フェーズのタスクを提案します。まずは計画段階から始め、次に設計フェーズ、開発フェーズ、テストフェーズ、そして最終的なデプロイメントフェーズに進みます。」

　・**ステップバイステップのタスク提案のメリット**
　「プロジェクトの各タスクをステップバイステップで提案します。まずは計画段階のタスクから始め、次に設計段階の詳細なタスク、開発段階の個別タスク、テスト段階の各手順、そして最終的なデプロイメントのステップを明確にします。」

　・**結論**
　「時系列に従い、ステップバイステップで具体的に提案してください。」という表現は、プロジェクトマネジメントにおいて非常に効果的です。この表現を使用することで、プロジェクト全体の進行と各タスクの具体的な手順を明確に示すことができ、チーム全体がスムーズにプロジェクトを進めることが可能となります。したがって、この表現はベストプラクティスと言えるでしょう。

※時系列は、プロジェクトの進行等の大きな視点、ステップバイステップは、作業レベルの小さな視点のような印象があります。

3-5 付け加えることで回答品質を向上させることができる文章

3 ケーススタディを交えて詳細に解説してください

　生成AIからの解決策について、実際にそれを業務に適用しようとすると、もう一歩踏み込んだ具体的なイメージが欲しくなることがあります。そんなとき、このテクニックが威力を発揮します。

　具体的な使い方は以下のとおりです。

・生成AIへのプロンプトに、「ケーススタディを交えて詳細に解説してください」と付け加えます。
・必要に応じて、この要求を繰り返すことや追加の質問をして、より参考になるケースを引き出します。
・生成AIから回答を得た後、「ケーススタディを交えて詳細に解説してください」と深掘りします。

　このプロンプトのメリットは以下のとおりです。

メリット①：具体性の向上
　抽象的な解決策を具体的なシナリオで理解できます。ケーススタディを交えることで、理論や概念が実際の状況にどう適用されるのかが明確になり、理解が深まります。

メリット②：業務への適用方法のイメージ化
　実際の業務への適用方法がイメージしやすくなります。ケーススタディを通じて、理論が具体的な状況でどのように機能するかが示されるため、実務に取り入れる際の参考になります。

メリット③：課題、注意点の明確化
　潜在的な課題や注意点が明らかになる可能性があります。ケーススタディでは、実際に直面した問題やその解決方法が示されるため、同様の状況での対策や準備がしやすくなります。

例えば、「営業プロセスの効率化」という解決策を得た後、「プロセスの効率化について、ケーススタディを示してください」と要求することで、より実践的な情報を得られます。

4 具体的なシナリオを想定して説明してください

問題に対する解決策には、単一のアクションで完結するものもあれば、複数のステップを踏む必要があるものもあります。特に後者の場合、このテクニックが非常に効果的です。

このプロンプトのメリットは以下のとおりです。

メリット①：わかりやすさ

抽象的な解決策が、具体的な行動の手順として示されるため、理解しやすくなります。

メリット②：実行のしやすさ

各ステップが明確になるので、実際の業務にすぐに適用しやすくなります。

メリット③：潜在的な課題の発見

シナリオを通じて、実施段階で直面する可能性のある問題点が明らかになることがあります。

同様の表現に、「問題解決のプロセスを詳細に述べてください」という場合もあります。

5 実践的なアドバイスについて、具体例を交えて提供してください

プロンプトにこの文章を追加することで、その解決策を実際に業務に適用する際の重要なポイントやアドバイスを引き出すことができます。

このプロンプトのメリットは以下のとおりです。

メリット①：実行上の留意点の把握

理論的な解決策を実践に移す際の注意点や潜在的な障害を事前に知ることができます。

メリット②：具体例による理解の深化

抽象的なアドバイスではなく、実際のビジネスシーンに即した例を得られるため、理解が深まります。

メリット③：スムーズな実施

予め注意点を把握することで、実施段階でのつまずきを減らすことができます。

こちらは、何か解決策が得られた後、このプロンプトを付けると、実際にその解決策を実行する上での留意事項などのアドバイスを得ることができます。

6 ベストプラクティスを紹介して詳細に解説してください

このプロンプトは、「ベストケースを詳細に説明してください」という意味です。この表現を使用することで、生成AIは問題解決において非常に効果的な回答を提供することができます。

これは単に「良い例を教えて」と言うのではなく、最も成功した事例や方法を具体的に説明してもらうよう求めることを意味します。このアプローチは問題解決や業務改善に非常に役立ちます。生成AIの膨大な知識を活かして、効率的に実践的な情報を引き出せるようになります。

このプロンプトのメリットは以下のとおりです。

メリット①：具体的な成功事例を学べる

実際に成功した具体的な事例を学ぶことで、理論だけではなく、実際に効果があった方法や戦略を理解できます。これにより、同様の状況での実践や応用が可能になります。

メリット②：詳細な手順やポイントがわかる

詳細な手順や重要なポイントが具体的に説明されるため、どのように実行すれば良いのかが明確になります。これにより、実際に取り組む際の手順や注意点を把握しやすくなります。

メリット③：自社でも応用しやすい情報が得られる

　実践可能な具体的な情報が提供されることで、自社の状況に合わせて応用しやすくなります。具体例に基づいた解説は、独自の戦略を構築する際に非常に有益です。

7　理想的な状態を具体的に示してください

　「理想的な状態を具体的に示す」ことは、単に理想的な状態を示すだけでなく、そこに到達するための道筋において、思考の枠をはずしたアプローチをすることができます。

メリット①：明確な目標設定

　理想的な状態を具体化することで、達成すべき明確な目標が設定されます。これにより、戦略立案や意思決定の方向性が明確になります。

メリット②：ギャップ分析の促進

　現状と理想的な状態を比較することで、現在の不足点や改善すべき領域が明らかになります。これは効果的な行動計画の策定に役立ちます。

メリット③：創造的思考の促進

　理想的な状態を想像することで、既存の制約にとらわれない創造的なアイデアが生まれやすくなります。

メリット④：優先順位の明確化

　理想的な状態に近づくために最も重要な要素が明らかになり、リソースの適切な配分が可能になります。

　ところで、1つ前と似ているのでChatGPTにどのように違うのか確認しました。
　以下のようにアプローチが異なるので、出力結果は異なります。

❶ベストプラクティスを紹介して詳細に解説してください
- **定義**：ベストプラクティスとは、特定の分野や業界において最も効果的で成功した方法や手法を指します。このプロンプトは、すでに実績のある具体的な事例や方法論を提供し、それらを詳細に説明することを求めています。
- **アプローチ**：証明済みの成功例をもとに、それがなぜ効果的だったのか、どのように実施されたのかを具体的に解説します。
- **効果**：実際に成功した事例を基に解説するため、信頼性が高まります。読者にとってすぐに応用可能な具体的な方法を学ぶことができます。

❷理想的な状態を具体的に示してください
- **定義**：理想的な状態とは、ある目標や目的を達成するために最も望ましい状態や結果を示します。このプロンプトは、読者が目指すべき具体的な理想像を提供することを求めています。
- **アプローチ**：目標を達成するための最善の状態や結果を具体的に示し、それに到達するための方法を説明します。
- **効果**：理想的な状態を明示することで、読者が目指すべき目標が明確になります。理想的な状態を示すことで、読者が長期的な視点で物事を考える助けになります。

8 専門家の意見を交えて説明してください

　このように尋ねることで、生成AIの回答がより深みのあるものになります。専門家の意見を交えた説明を求めることで、生成AIからより実用的で信頼性の高い情報を得られます。このプロンプトのメリットは以下のとおりです。

メリット①：信頼性と深い洞察
　専門家の意見を含めることで、回答の信頼性が高まり、より説得力のある提案ができるでしょう。

メリット②：実践的な価値
　専門家の意見には、机上の空論ではない実践的な知恵が含まれています。現実的な課題や対策が得られます。

メリット③：多面的な理解
　異なる分野の専門家の意見を聞くことで、問題を多角的に捉えられます。より包括的なアプローチが可能になります。

9 このデータから得られる予想外のインサイトを、具体例を使って詳しく説明してください

　インサイトとは、データや情報、観察から導き出される深い洞察や理解のことを指します。表面的ではない理解、新しい視点や気づき等を意味します。

　生成AIの出力にインサイトを求めることで、表面的には見えにくい傾向や意味を引き出せます。

　このプロンプトのメリットは以下のとおりです。

メリット①：深い分析の促進

　「重要な洞察」を求めることで、生成AIに表面的な情報の羅列ではなく、データや状況の本質的な意味や影響を分析するよう促します。これにより、意思決定や戦略立案に直接役立つ洞察が得られる可能性が高まります。

メリット②：創造的思考の誘発

　「予想外のインサイト」を要求することで、生成AIに従来の枠組みにとらわれない、新しい視点や革新的なアイデアを生み出すよう促します。これは、競争優位性の構築や問題解決において非常に価値があります。

メリット③：具体性と実用性の確保

　「具体例を使って」という指示により、抽象的な概念や理論だけでなく、実際の適用例や事例を含めた説明を求めています。これにより、得られた洞察をビジネスの現場で実践しやすくなります。

メリット④：詳細な説明の要求

　「詳しく説明してください」という表現で、簡潔すぎる回答や表面的な分析を避け、より深い考察と豊富な情報を引き出します。これにより、複雑な状況や多面的な問題に対する包括的な理解が可能になります。

メリット⑤：柔軟性と汎用性

　このプロンプトは様々な状況や分野に適用できる汎用性を持ちつつ、具体的な指示を含んでいます。

3-5 付け加えることで回答品質を向上させることができる文章

さらに深くインサイトを追求するためのプロンプトを考えました。

> 表面的なニーズや希望を超えて、根底にある動機、潜在的な課題、そして将来の傾向を分析し、具体例を交えて詳細に説明してください。また、これらの洞察がビジネスや戦略にどのような影響を与える可能性があるか考察してください。

10 異なる視点から、この問題を分析してください

「異なる視点から、この問題を分析してください。」という文章をプロンプトに追加することで、回答に多様性と深みが生まれ、問題解決の質が向上します。

このプロンプトのメリットは以下のとおりです。

メリット①：多面的な理解が可能になる

問題を様々な視点から見ることで、1つの観点だけでは気づきにくい側面やリスクが見えてきます。

メリット②：創造的な解決策を生み出す

異なる角度からの分析は、斬新なアイデアの源となります。従来とは異なるアプローチを考えつくきっかけになります。

メリット③：リスク軽減につながる

多角的な視点を取り入れることで、プロジェクトの潜在的な問題点を事前に把握しやすくなります。

11 失敗例を踏まえて、どう対処したか説明してください

「失敗例を踏まえて、どう対処したか説明してください。」という文章をプロンプトに追加することにより、回答の実用性と信頼性が大幅に向上します。このフレーズの効果について、具体的な例とともに説明します。

このプロンプトのメリットは以下のとおりです。

メリット①：現実的な視点

失敗例を考慮することで、現実的な課題や障害に対する対応策が具体的に提示されます。理論だけでなく実践的な解決策が得られます。

メリット②：学びと成長の促進

過去の失敗から得た教訓を共有することで、同じミスを繰り返さずに済み、組織全体の成長を促進します。

メリット③：信頼性の向上

失敗とその対処方法を示すことで、回答の信頼性が高まり、現実のビジネス環境での適用可能性が増します。

メリット④：リスク管理の強化

過去の失敗例からリスクを予測し、それに対する具体的な対策を立てることができます。これにより、プロジェクトのリスク管理が強化されます。

12 最新のトレンドや技術を踏まえて提案してください

ビジネスの世界は常に変化しており、最新のトレンドや技術の理解が重要です。「最新のトレンドや技術を踏まえて」とプロンプトに加えることで、生成AIは最新の情報を元にした提案を行います。これにより、現状に即した、最先端の解決策を得ることができます。

このプロンプトのメリットは以下のとおりです。

メリット①：最新情報に基づく提案

生成AIに最新のトレンドや技術を考慮するよう指示することで、時代遅れの解決策ではなく、現在の市場環境に適した提案を得られます。

メリット②：競争優位性の確保

最新のトレンドや技術を活用した提案は、競合他社より一歩先を行く戦略立案を可能にします。

3-5 付け加えることで回答品質を向上させることができる文章

メリット③：リスク回避と機会の発見

　最新の情報を踏まえることで、古い方法論に基づくリスクを回避し、新たな機会を見出せます。

13 短期的および長期的な視点から説明してください

　このプロンプトを使用することで、目先の課題解決と将来のビジョン実現を両立させた、より戦略的で持続可能なアプローチを得ることができます。これにより、目先の利益だけでなく、持続可能な成長を見据えた戦略を立案することができます。

　このプロンプトのメリットは以下のとおりです。

メリット①：バランスの取れた戦略立案

　短期的および長期的な視点を同時に考慮することで、即効性のある対策と将来を見据えた計画を両立させた、バランスの取れた戦略を立案できます。

メリット②：リスク管理の向上

　短期的な利益や成果だけでなく、長期的な影響も考慮することで、潜在的なリスクをより効果的に特定し、管理することができます。

メリット③：持続可能性の確保

　長期的な視点を含めることで、一時的な成功ではなく、持続可能な成長を実現する戦略を立てることができます。

メリット④：変化への適応力の強化

　短期的および長期的な視点を持つことで、現在の課題に対処しながら、将来の変化にも備えることができます。

14 他社の成功事例と比較して分析してください

　競合分析はビジネス戦略の鍵となります。「他社の成功事例と比較して」と加えることで、単なる理論や推測ではなく、実証された成功事例に基づいた洞察と戦略を得ることができます。これにより、より効果的で実践的なビジネス戦略の立案が可能になり、より効果的な方策を見出すことができます。

　このプロンプトのメリットは以下のとおりです。

メリット①：ベンチマーキングの促進
　他社の成功事例と比較することで、業界のベストプラクティスを理解し、自社の現状とのギャップを明確に把握できます。

メリット②：実践的な戦略立案
　理論的なアプローチだけでなく、実際に成功を収めた事例を基に分析することで、より実現可能性の高い戦略を立案できます。

メリット③：リスク軽減
　他社の成功事例を分析することで、潜在的な課題や落とし穴を事前に把握し、リスクを軽減できます。

メリット④：イノベーションの促進
　他社の成功事例を単に模倣するのではなく、それを出発点として自社独自の革新的なアプローチを見出すきっかけになります。

メリット⑤：説得力の向上
　他社の成功事例を引用することで、提案や戦略の説得力が高まります。例えば、新しいビジネスモデルを経営陣に提案する際、類似の成功事例を示すことで、その実現可能性と潜在的な利益をより強く主張できます。

第2部　ビジネス生成AIの活用（ケーススタディ編）

第4章

業務効率化を図る質問（文書品質向上のための活用）

　本章では、生成AIを活用してビジネス文書の品質を向上させる具体的な方法について解説します。丁寧な言い回しの文章に修正することやビジネス表現のチェック、校正、わかりやすい文章を書くルール（原則やガイドライン）の活用、翻訳、要約などについて、ケーススタディ形式で説明します。各プロンプトの目的や具体的な指示内容、出力例などを通じて、生成AIを効果的に利用する方法を学びます。

文書の調整

　企業の中で最初に取り組むのが、文章の加工だと思います。本章では、主なものを解説します。

1 ビジネス文書を丁寧な言い方にする

●目的
　日々の業務の中、メールや報告書など文章を書く機会は多くあると思います。そういう中、文章の表現を直したりして時間のかかる場面がよくあります。そのような場合に生成AIを使うと、文章を丁寧な表現にすることができます。その場合のプロンプトの書き方です。

●プロンプト①

> 以下のビジネス文章を、ビジネス文書として適切な表現に書き換えてください。一般的なビジネスマナーに従い、敬語を使用し、相手に対する配慮を感じられる表現にしてください。
>
> 文章＝＝＝
> 先日の会議で話したプロジェクトについて、早急に対応してください。未解決な点が多いので、詳細な報告をしてください。納期を守ってください。

●プロンプト②
以下の文章のスタイル、トーン、テイストを細かく指定し、調整することもできます。

> 以下のビジネス文章を、ビジネス文書として適切な表現に書き換えてください。
> スタイルはフォーマル
> トーンは礼儀正しく
> テイストは温かみを持たせてください。
> ビジネスマナーに則り、敬語を使用し、相手に対する配慮を感じられる表現にしてください。

```
文章＝＝＝
（省略）
```

●解説

プロンプト①でも、ビジネス文書を丁寧に書き直すことは可能です。

プロンプト②はスタイル、トーン、テイストを具体的に指定することで、修正対象の元の文章が多様であっても、一貫した品質を確保しやすくなります。

●出力結果①

先日の会議でご説明いたしましたプロジェクトにつきまして、早急なご対応を賜りますようお願い申し上げます。現在、未解決の点が多くございますので、詳細なご報告をいただけますと幸甚に存じます。また、納期を厳守いただけますよう、何卒よろしくお願い申し上げます。

●出力結果②

先日の会議にてお話しいたしましたプロジェクトにつきまして、早急にご対応いただけますようお願い申し上げます。現在、未解決の点が多くございますので、詳細なご報告をいただけますと幸いです。また、納期を厳守いただけますよう、何卒よろしくお願い申し上げます。ご多忙のところ恐れ入りますが、ご協力のほど、心より感謝申し上げます。

2 文章のビジネス表現をチェックする

●目的

今度は自分の書いた文章に対し、生成AIを用いて、ビジネス表現として適切かチェックをすることができます。

●プロンプト

 以下の文章がビジネス上適切であるかどうかチェックしてください。
特に以下の点について確認してください：

・敬語や丁寧語の使用が適切かどうか
・礼儀正しく、プロフェッショナルなトーンで書かれているかどうか
・相手に対する配慮が感じられる表現になっているかどうか
・明確かつ具体的に伝わるかどうか
・ビジネスマナーに沿っているかどうか

適切でない部分があれば、修正の提案をしてください。

文章＝＝＝
先日の会議で話したプロジェクトについて、早急に対応をお願いします。未解決の部分が多いので、詳細な報告をしてください。納期は守ってください。

●解説

単にビジネス表現として適切かどうかチェックするのではなく、チェックの視点を与えています。
また、単にチェックするだけではなく、修正案も提案させています。

●出力結果

 チェックポイント
敬語や丁寧語の使用が適切かどうか
「早急に対応をお願いします」「詳細な報告をしてください」「納期は守ってください」など、命令形が強く、敬語や丁寧語の使用が不十分です。

礼儀正しく、プロフェッショナルなトーンで書かれているかどうか
トーンが少し強めであり、礼儀正しさに欠けています。

相手に対する配慮が感じられる表現になっているかどうか
配慮が不足しており、相手に対して強い印象を与えます。

明確かつ具体的に伝わるかどうか
内容は明確ですが、丁寧さが不足しているため、改善が必要です。

ビジネスマナーに沿っているかどうか
ビジネスマナーに沿った表現が不足しています。

修正後の提案
以下に、元の文章をビジネスマナーに沿った適切な表現に修正した提案を示します。

先日の会議にてお話しいたしましたプロジェクトにつきまして、早急にご対応いただけますようお願い申し上げます。現在、未解決の部分が多くございますので、詳細なご報告をいただけますと幸甚に存じます。また、納期を厳守いただけますよう、何卒よろしくお願い申し上げます。

3 文書を校正する

●目的
文章をビジネス視点でチェックするだけでなく、校正をすることもできます。

●プロンプト

以下の文書（対象文書）を校正してください。特に以下の点について確認してください：

- ・文法やスペルミスの有無
- ・敬語や丁寧語の使用が適切かどうか
- ・文の構成や流れが自然で読みやすいかどうか
- ・内容が明確で正確に伝わるかどうか
- ・ビジネスマナーに沿っているかどうか

必要に応じて修正し、改善点を指摘してください。

対象文書＝＝＝
（省略）

●解説
先ほどと同様、解説のポイントを与えています。

4 文書のルールを活用する（接続詞、時系列、決定事項の明記）

●目的
文章のメモに対し、文章を時系列に並べ替えたり、接続詞を使用したり、決定事項の明確化、結論の明記をしたい場合があります。以下のように細かく指示をしたプロンプトを用いています。

●プロンプト

 以下の文章（メモ）を時系列順に並べ替え、接続詞の使用、決定事項の明確化、結論の明記をしたい。

以下の文章（メモ）の内容をよく読み取り、以下のルールをよく考慮して、時系列順に並べ替え、接続詞の使用、決定事項の明確化、結論の明記に注意して、よく考えて文章を作成してください。

ルール
文章を短く区切る。

時系列順
　出来事の順番を正確に時系列順に並べる。
　適宜、「以前」、「その後」等、時系列を明記する表現を使用。

接続詞の使用
　関係する文章は、因果関係や理由を明確にし、接続詞を使って文章をつなぐ。
　因果関係は、接続詞（「だから」「そのため」「このため」など）を使用。
　逆説の関係は、接続詞（「しかし」「一方」「しかしながら」など）を使用。
　これらの接続詞を使って適切に使って論理関係を明確にして文章をつなぐ。

決定事項
　決定事項であることがわかるように明確に表現する。

4-1 文書の調整

結論の明記
議論をまとめるための接続詞(「つまり」「要するに」など)を使って、結論を明記する。

#メモ
A株式会社　スミスさん宛て。
A株式会社から購入した製品Aが壊れている件です。
交換部品がまだ届いていません。
1か月前に、連絡をしていた件です。
この製品は、2か月前に購入しており、保障期間であるため、至急、製品Aを送ってください。
御社が交換するとの説明がありました。
わからない点があればお聞きください。
ご協力ありがとう。
徳川太郎

●解説

　生成AIの出力する文章には、接続詞があまり使われておらず、文章の間の関係性が明記されていないので読みにくいように思います。今回の出力結果では、接続詞が入り読みやすくなっています。

　また、実際のところ、この変換は難しく、「よく読み取り」、「よく考慮して」、「よく考えて」という言葉を加えて指示しました。このように、今回の文章の変換の難易度は高いので、細心の注意を払って変換するように指示しています。

●出力結果

修正後のメール文
A株式会社
スミス様

製品Aの交換について
2か月前に、御社から製品Aを購入しました。この製品が現在、壊れています。そのため、御社に交換を依頼しました。

御社からは交換するとの説明がありました。(決定事項)しかし、交換部品がまだ
届いていません。

1か月前に、交換部品が届いていない件について連絡しましたが、進展がありま
せん。

この製品は保障期間内に購入したものです。このため、至急、製品Aを送付いた
だきますようお願い申し上げます。

わからない点があればお聞きください。

ご協力ありがとうございます。

徳川太郎

修正のポイント
時系列順に並べ替え：出来事を正確な時系列順に並べ替えました。
接続詞の使用：因果関係（「そのため」「このため」）と逆説（「しかし」）の接続詞
を適切に使用しました。
決定事項の明確化：「御社から交換するとの説明がありました。」という決定事項
を明確に表現しました。
結論の明記：「至急、製品Aを送付いただきますようお願い申し上げます。」とい
う結論を明記しました。
このようにすることで、文章が時系列に沿って整理され、論理的かつ明確な内容
になりました。

Section 2 文書の翻訳

1 英語の文書を日本語に翻訳する

●目的
続いて、英語の文章を日本語に翻訳します。
ここで、2つのパターンを用意しました。

・No.1…通常の丁寧さの英文
・No.2…最上級の丁寧さの英文

●プロンプト

 以下の英語の文書を日本語に翻訳してください。翻訳の際には、以下の点に注意してください：

・原文の意味を正確に伝える
・自然で読みやすい日本語にする
・ビジネス文書の場合は、適切な敬語や丁寧語を使用する
・必要に応じて、文化的な違いを考慮して表現を調整する

文章＝＝＝
No.1（通常の丁寧さの例）
I would like to ask if you could attend the meeting next week.
We are planning to discuss important topics, and your presence would be appreciated.

No.2（最上級の丁寧さの例）
Could you kindly attend the meeting next week?
We are planning to discuss important topics, and your presence would be greatly appreciated.

●解説

生成AIによる和訳において、英文の丁寧さを変えて和訳することができました。

●出力結果

No.1（通常の丁寧さの和訳）
来週の会議に出席いただけるかどうかお尋ねしたいと思います。
重要な議題について話し合う予定ですので、ご出席いただけると助かります。

No.2（最上級の丁寧さの和訳）
来週の会議にご出席いただけますでしょうか。
重要な議題について話し合う予定ですので、ご出席いただけると大変ありがたいです。

2 ビジネスの相手を意識しつつ敬語で英訳する

英語での丁寧表現は、通常の丁寧さと最上級の丁寧さで表現が異なります。

●プロンプト（通常の丁寧さの例）

以下の日本語の文書を英語に翻訳してください。翻訳の際には、以下の点に注意してください：

・原文の意味を正確に伝える
・自然で読みやすい英語にする
・ビジネス文書の場合は、通常の丁寧さを保つ（例：I would like to）
・ただし、Please は命令形であり、今回の丁寧表現での翻訳には使用しないこと。
・必要に応じて、文化的な違いを考慮して表現を調整する

●プロンプト（最上級の丁寧さの例）

以下の日本語の文書を英語に翻訳してください。翻訳の際には、以下の点に注意してください：

4-2 文書の翻訳

- ・原文の意味を正確に伝える
- ・自然で読みやすい英語にする
- ・ビジネス文書の場合は、最上級の丁寧さを保つ（例：Could you...?、Would you mind...?）
- ・必要に応じて、文化的な違いを考慮して表現を調整する

文章＝＝＝
お忙しいところ恐れ入りますが、来週の会議にご出席いただけますでしょうか。
重要な議題について議論する予定ですので、何卒よろしくお願い申し上げます。

●解説

　英語で、丁寧な表現といっても、相手、ビジネスシーン、依頼する内容によって、通常の丁寧さと最上級の丁寧さで書き分ける必要があります。

　また、Pleaseを使うのは、命令形なので私は使わないようにしています。

　翻訳ツールも使っていますが、丁寧表現の部分は、自分で修正するので、生成AIで指定できると助かります。

ChatGPT による解説

英語における丁寧表現は、通常の丁寧さと最上級の丁寧さで微妙に異なるニュアンスがあります。

通常の丁寧さ：通常の丁寧さは、相手に対して礼儀正しく、親切な態度を示すことを意味します。これはビジネスや日常会話で一般的に使われる丁寧さです。

最上級の丁寧さ：最上級の丁寧さは、さらに一層の敬意を表す表現です。主に重要な取引先や上司、または非常にフォーマルな場面で使用されます。このレベルの丁寧さでは、より謙譲語や尊敬の意を込めた表現が使われます。

最上級の丁寧さは、相手に対する尊敬や感謝の気持ちをより強調するために使われ、よりフォーマルな場面や特定の社会的な階層において重要な役割を果たします。このような微妙なニュアンスの使い分けが、英語における丁寧表現の特徴です。

●出力結果（通常の丁寧さの例）

I would like to ask if you could attend the meeting next week.
We are planning to discuss important topics, and your presence would be appreciated.

●出力結果（最上級の丁寧さの例）

Could you kindly attend the meeting next week?
We are planning to discuss important topics, and your presence would be greatly appreciated.

Section
3 　**文書の要約**

1 　要点を指定して文書を要約する

●目的
　文章の文字数を指定して要約する方法は、3章で説明しています。ここでは、単に文字数を指定するだけでなく、いろいろと要点を指定し、情報を整理、選択するように指示しています。この指示は、自分がよく扱う文章や欲しい情報に応じて、プロンプトを工夫されると良いと思います。

●プロンプト①

　以下の要約対象の文章を要約してください。
　要約のポイントは以下のとおりです：
　・主要なポイントや結論を含める
　・不要な詳細や例は省く
　・文章の長さを300文字以内に抑える（具体的な文字数を指定）
　・読み手が内容を理解しやすいように簡潔にまとめる

　要約対象文章＝＝＝＝＝

　＜省略＞

　ここでは、「3-1 プロンプトエンジニアリングとは」の文章を要約します。
ChatGPTでは、長い文章の場合、以下のように指示します。

●プロンプト②（長い文章の場合）

　以下の要約対象の文章を要約してください。
　要約対象文章は、5回に分けて入力します。
　5回目を入力したら、「入力完了しました。」と最後に記入します。
　それを確認したら、あなたは、「はい。準備完了しました。」と言ってください。
　そうしたら、私は、「要約を開始してください」と記入します。

そのプロンプトを確認したら、要約を確認してください。

※ChatGPT-4oでは、ファイルを読み込むことができます。

●出力結果

プロンプトエンジニアリングは、自然言語処理モデルを効果的に制御・指示する手法で、生成AIから期待する回答を引き出すための技術です。そのメリットには、自然言語でのAI操作の制御性向上、目的に合った結果の取得、必要な入力情報の明確化、試行錯誤の低減が含まれます。プロンプトエンジニアリングを習得することで、生成AIを効果的に活用し、短期間で適切な操作方法を学ぶことができます。本書では、ビジネスでの実用的なプロンプトエンジニアリングの方法を解説しています。

2 文字数を指定して要点を指示する要約

●プロンプト

以下の要約対象の文章を要約してください。
要約のポイントは以下のとおりです：

生成AIのメリットを各項目ごとに、150文字でまとめてください。

要約対象文章=====
＜省略＞

●出力結果
※出力結果は省略しています。

3 要約のポイントの例

●議事メモから議事録を作成する場合

プロンプトに以下を付け加えます。

 以下の要約対象の文章を要約し、要約対象の文章から、決定事項、合意事項、意見を整理、選択してください。
要約のポイントは以下のとおりです：

決定事項：会議で決定された事項を明確に記載します。
合意事項：参加者全員が合意した内容を記載します。
意見：議論中に出た意見や提案を記載します。

●メモから報告書を作成する場合

報告書においては、事実と推定や考察を明確に分けることが重要です。生成AIを使って報告書を作成する際、以下のフォーマットを使うと効果的です。

プロンプトに以下を付け加えます。

 以下の要約対象の文章を要約し、要約対象の文章から、事実、推定を整理、選択してください。
要約のポイントは以下のとおりです：

事実：実際に確認されたデータや出来事を記載します。
推定：データや出来事から導き出された推定や考察を記載します。

●各種報告をする場合

プロンプトに以下を付け加えることで、5W1Hに沿って情報を整理できます。

 以下の要約対象の文章を要約し、5W1Hに情報を整理してください。

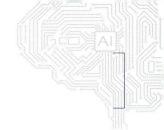

Section 4

フォーマットの活用

1 フォーマット：項目と文章で表記する

●目的

　生成AIの出力結果は、文章が長く続き、読みにくく、あるいは、別の資料に使いにくい場合があります。以下のようなフォーマットを使って、項目と文章の形式で出力させることができます。

●プロンプト

#指示
生成AI使用上のリスクについて、2点、解説してください。200文字以内。

#フォーマット
【タイトル1******】
文章1**********************

●解説

　上記のように、タイトルに【】を付けて出力させることができました。
　生成AIは指示に従っているように思うかもしれませんが、これは、生成AIが学習していると理解してください。

●出力結果

【データのバイアス】
AIは学習データのバイアスを受け継ぎ、差別的な意見や結果を出す可能性がある。

【意図しない行動】
複雑なタスクではAIの意図しない行動が発生し、信頼性低下や重大な結果をもたらす恐れがある。

2 日報の作成

●目的

日々、上司に日報を書いている方も多くいらっしゃると思います。ところで、人によって要点をまとめたメモを好む上司もいれば、文章を好む上司もいます。

一方、書いている本人も、人によって要点をまとめたメモを好む方もいれば、文章を好む方も見えます。日報は、上司に報告するだけでなく、自分の管理、記録という点もあります。

次のプロンプトを使用することで、フォーマットの変換ができます。このプロンプトでは、要点をまとめたメモから文章への変換をしています。

●プロンプト（要点をまとめたメモ形式のサンプルをつけない場合）

日報を作成してください。

日報　6月13日（火）　鈴木
会議資料を作成できた。
A社へメール連絡した。
製品会議、次回、8月1日
顧客からの質問への回答、社内担当者の返事を入手後回答
新商品Aの機能検討の意見を整理中

●出力結果（要点をまとめたメモ形式のサンプルをつけない場合）

日報　6月13日（火）　鈴木
今日の業務内容は以下のとおりです。

会議資料の作成
今日は予定通りに会議資料を作成しました。内容は整理されており、参加者がわかりやすく理解できるように心掛けました。

A社へのメール連絡
A社に必要な情報をメールで連絡しました。内容は正確かつ明確に伝えるように配慮しました。

製品会議の次回日程決定
製品会議の次回の日程が確定しました。次回の製品会議は8月1日に予定されています。

顧客からの質問への回答
顧客からの質問への回答を求められていました。社内担当者からの返答を入手し、それを元に丁寧かつ適切な回答をまとめています。回答の内容は顧客満足度を高めるように心がけました。

新商品Aの機能検討意見の整理
新商品Aの機能検討に関する意見を整理しています。複数の関係部署からの意見を考慮し、それらを活かしてより良い商品開発に向けて検討を進めています。

以上が本日の業務内容となります。引き続き、効率的な業務遂行に努めてまいります。ご報告いたします。

● プロンプト（要点をまとめたメモ形式のサンプルをつけた場合）

#日報メモを、#サンプルを参考にして、完了したか完了していないか、よく考え、作成してください。
出力方法は、#サンプルをよく確認し、#サンプルのようなフォーマットで出力してください。
文章で表現することよりも、#サンプルのフォーマットで出力することを重視してください。

#日報メモ
日報　6月13日（火）　鈴木
今日の業務内容は以下のとおりです。

会議資料の作成
今日は予定どおりに会議資料を作成しました。内容は整理されており、参加者がわかりやすく理解できるように心掛けました。

A社へのメール連絡
A社に必要な情報をメールで連絡しました。内容は正確に伝えました。

製品会議の次回日程決定
製品会議の次回の日程が確定しました。次回の製品会議は8月1日に予定されています。

顧客からの質問への回答
顧客からの質問への回答を求められていました。社内担当者からの返答を入手し、それを元に丁寧かつ適切な回答をまとめています。回答の内容は顧客満足度を高めるように心がけました。

新商品Aの機能検討意見の整理
新商品Aの機能検討に関する意見を整理しています。複数の関係部署からの意見を考慮し、それらを活かしてより良い商品開発に向けて検討を進めています。

#サンプル
日報　6月20日（木）　山田
顧客提出資料の作成　　完了
B社への連絡　メール完了
営業会議　　完了（次回、7月25日　※次回議論）
営業部の質問への回答　　未（資料作成中）
製品C納期短縮　　検討中（製造部と調整中）

※次回議論の内容
新商品Aの販売状況の報告

● 出力結果（要点をまとめたメモ形式のサンプルをつけた場合）

 日報　6月13日（火）　鈴木
会議資料の作成　完了
A社へのメール連絡　完了
製品会議の次回日程決定　完了（次回、8月1日）
顧客からの質問への回答　未（社内担当者からの返答を元に回答作成中）
新商品Aの機能検討意見の整理　検討中（関係部署からの意見を整理中）
※次回議論の内容：新商品Aの機能検討の進捗報告、顧客からの質問への回答状況の確認

3 議事メモから議事録の作成

●目的

議事録のフォーマットは、会社ごとや部署ごと、または個人でそれぞれお持ちだと思います。

それぞれの希望のフォーマットを (#サンプル) を示し、学習させています。

●プロンプト

 議事メモから議事録を作成してください。
議事録は、(#サンプル)を学習し、作成してください。

#注意事項
決まったことと、個人の感想を明確に分けてください
議事録は、議事の内容と決定事項を正確かつ客観的に記録してください。
議事のメモに含まれない情報は、議事録に追加しないようにしてください。
個人の感想は、#サンプルのように、所感・その他に配置してください。
議事録を出力する前に、上記の#注意事項をよく考えてから出力してください。

#議事メモ
2023/9/10　9：00-10：00
販売部会議（販売部　鈴木、佐藤、山田、石川）
本社会議室E

新商品をいろいろと販売部で検討し、味噌カツに決まった。
味噌カツおいしそう。早く食べたいとの声が上がった。
3月1日に発売開始し、ファミリー層、ビジネスパーソン、学生を対象にする。
味噌カツ売れるといいな。

#サンプル＝＝＝＝＝
議事録
出席者：販売部　工藤、徳川、山田、石川
会議日時：2021年1月15日
場所：本社　会議室A

4-4　フォーマットの活用

決定事項
・プロジェクトコードは、WE12とする。
・活動開始は、3月1日とする。
・活動期間は、1年間とする。

所感・その他
・確実に成果につなげたい。
・余裕を持ってすすめたい。

●解説

　ここでのポイントは、サンプルを提示することと、注意事項を示すことと、「よく考えて」という3点です。
　そもそもの会議の目的は、何かを決めることなので、決定事項と、所感・その他に分ける必要があります。
　よく、「〇〇さん、メモ取っといたよ」と渡されたメモの中に、決まったこと・個人の感想等が混じっていることがあります。生成AIに、#注意事項のように指示することで、分けて出力させることができます。

●出力結果

#議事録 出席者：販売部　鈴木、佐藤、山田、石川
会議日時：2023年9月10日 9:00-10:00
場所：本社　会議室E

決定事項
新商品の販売品目を味噌カツとする。
発売開始日は2024年3月1日とする。
対象顧客層はファミリー層、ビジネスパーソン、学生とする。

所感・その他
味噌カツおいしそう。早く食べたいとの声が上がった。
味噌カツ売れるといいな。

MEMO

第5章

社内調整業務に活用する

　本章では、ビジネスにおける生成AIの活用方法を具体的な
ケーススタディを通じて解説します。生成AIに与える情報を「問
題解決のための8項目」として整理し、問題解決のためのプロン
プト作成方法を示します。また、RPAツールの導入に関連する社
内提案や交渉のシナリオを具体例として紹介し、それぞれのプロ
ンプトの効果的な使い方について説明します。

Section 1 問題解決のための8項目

本章では、実際のビジネスシーンでの生成AIの活用を解説します。
ビジネスでの活用にあたり、生成AIに与える情報について、最初に解説します。

1 生成AIに与える具体的な情報について

「プロンプトには、具体的な情報を書く」ということがよくいわれますが、実際のところ、何を書けばよいのでしょうか。これまで、その検討を重ねてきた結果、ビジネスの現場での問題解決には、生成AIに質問するプロンプトについて、以下の①〜⑦までの7項目を情報提供し、その後、質問すると良い回答が得られることがわかりました。

個別の業務内容等で最適化のできる場合があると思いますが、本書では、初心者でもレベルの高いプロンプトを書くことができるようにするため、この「問題解決のための8項目」を基本パターンとして取り扱います。

図1 問題解決のための8項目

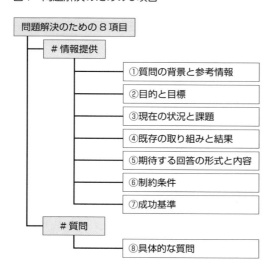

本文右上: 5-1 問題解決のための8項目

縦書き（右側）: 5 社内調整業務に活用する

2 各項目の説明

❶質問の背景と参考情報

　質問の背景とは、なぜその質問をしているのか、その理由や経緯を説明することです。参考情報は、質問に関連する既存のデータや情報を提供します。これにより、生成AIが質問の意図を理解しやすくなります。

　生成AIは入力されたテキストを元に回答を生成しますが、質問の意図や背景が不明瞭だと、的外れな回答が返ってくる可能性があります。質問の背景や目的を詳細に伝えることで、生成AIは質問の意図を正確に把握し、適切な回答を提供できます。

　多くの人が参考情報や補足情報を下の方に付ける傾向がありますが、プロンプトにおいては、それらも背景の一部としてまとめた方が、生成AIに対してより効果的に情報を提供できます。

❷目的と目標

　質問の目的と達成したい目標を明確にすることで、生成AIが回答の方向性を理解しやすくなります。目的が明確であれば、生成AIはその目標に沿った回答を生成しやすくなります。

　目的と目標と合わせて項目を1つにしたのは、目標と目標の整合性を確保できるからです。

❸現在の状況と課題

　現状の説明と直面している問題点を共有することで、生成AIは現在の状況を踏まえた回答を生成できます。課題を明確にすることで、問題解決に向けた具体的なアドバイスが期待できます。

❹既存の取り組みと結果

　これまでに行った取り組みと、その成果を共有することで、生成AIは過去の試みを考慮に入れた回答を提供できます。これにより重複を避け、新たな視点からの提案が得られやすくなります。

95

❺期待する回答の形式と内容

　回答の形式や内容について、具体的な希望を伝えることで、生成AIはその期待に応じた回答を生成しやすくなります。例えば、詳細なレポート形式か、簡潔なアドバイスか、といった点を明確にすることが重要です。

❻制約条件

　回答に影響を与える可能性のある制約条件（予算、時間、リソースなど）を伝えることで、生成AIはその制約を考慮に入れた現実的な回答を提供できます。

❼成功基準

　成功と見なされる基準を明確にすることで、生成AIはその基準に沿った回答を生成します。成功基準が明確であるほど、生成AIは適切な方向性を持った回答を提供しやすくなります。

❽具体的な質問

　上記の情報を与えてから、具体的な質問をします。

3 この項目により良い回答が得られる理由

　上記の❶～❼までの項目を情報提供してから❽の具体的な質問を行うことで、生成AIに対する入力情報が非常に明確で詳細になります。これにより、生成AIが質問の意図、背景、目的を正確に理解し、最適な回答を提供するための材料が揃います。このため、生成AIはより良い回答を提供することができます。

Section 2 部署にRPAツールを導入する

　それでは、実際のビジネスシーンでの生成AIの活用事例について解説します。ここでは、職場にRPAツールを導入する際に生成AIを活用する方法を解説します。

> **RPA**
> Robotic Process Automationの略で、プログラムによるロボットを用いたパソコン業務の自動処理の手法をいいます。

　RPAツールではなく、単に自動化ツールの導入でも良いのですが、具体的にRPAとして明確にすることで生成AIも回答内容を具体的に出力しやすいので、具体的にRPAツールとして参考プロンプトを作っています。

1 職場の上司への提案

●目的
・職場への提案のシナリオ作成
　職場にRPAツールを導入する場面で生成AIを活用します。
　上司、職場の皆さんに上手に説明したいと考えており、上司、職場の皆さんへの説明のための方法を生成AIに考えさせます。
　それでは、プロンプトを書きますが、以下の項目の情報を提供し、質問をします。

●問題解決のための8項目

①質問の背景と参考情報
②目的と目標
③現在の状況と課題
④既存の取り組みと結果
⑤期待する回答の形式と内容
⑥制約条件
⑦成功基準
⑧具体的な質問

●プロンプト

 今回の業務課題について、以下のように情報の提供と質問をしますので、質問に答えてください。

質問の背景と参考情報
職場でのシステムの入力業務にかかる時間が問題となっている。
RPAツールの導入により、自動化を目指すことが提案されている。

目的と目標
目的は、入力業務の自動化によって作業時間の削減とミスの防止を実現すること。
目標は、月に60時間の業務を自動化し、年間で720時間の作業時間を削減すること。

現在の状況と課題
現在の業務では、毎日3時間の時間が費やされており、これが効率性の低下を招いている。
手作業によるミスが発生しやすい状況にある。

既存の取り組みと結果
現在、手作業による業務が行われており、自動化による効果が期待されている。

期待する回答の形式と内容
RPAツールの導入がもたらすメリットと効果を明確に示した提案を説明したい。

制約条件
RPAツールの導入には初期費用と習得コストがかかるが、長期的に見ればコスト削減に寄与するとの期待がある。

成功基準
成功の基準は、月に60時間の業務を自動化し、年間720時間の作業時間を削減することであり、これによってコスト削減を実現する。

具体的な質問
このようなRPAツールを職場に導入するための、上司、同僚に説明するための説

得のスクリプトを作ってください。
アメリカ大統領補佐官が国民に説明するようにわかりやすく、説得力のあるスクリプトを作ってください。

●解説

　プロンプトに、「アメリカ大統領補佐官が国民に説明するようにわかりやすく、説得力のあるスクリプトを作ってください。」と入れました。さすが、ChatGPTは、アメリカ大統領補佐官のスピーチを学習していると思われ、わかりやすい文章を作成しました。

●出力結果

以下は、RPAツールを職場に導入するための説得のスクリプトです。このスクリプトは、アメリカ大統領補佐官が国民に説明する形式を参考にして作成されています。

導入部分
皆さん、今日お集まりいただきありがとうございます。私たちの職場における重要な改善提案についてご説明いたします。現在、私たちのシステムの入力業務に関する問題を解決し、生産性を向上させるために、新たなRPA（ロボティック・プロセス・オートメーション）ツールを導入することを提案しています。

背景
まず、現状の問題についてお話ししましょう。現在、私たちは毎日3時間もシステムの入力業務に費やしています。この業務は手作業で行われており、ミスが発生しやすく、効率性の低下を招いています。このままでは、私たちの貴重な時間とリソースが無駄になってしまいます。

提案内容と目的
この問題を解決するために、RPAツールを導入し、入力業務を自動化することを提案します。RPAツールは、単純作業を自動で行うことができるため、作業時間を大幅に削減し、ミスの防止にもつながります。具体的には、月に60時間、年間で720時間の作業時間を削減することが目標です。

費用対効果
費用対効果についてもお話しします。現在、入力業務に費やされている時間は月

に60時間、年間で720時間です。これを金銭的に換算すると、職員1時間あたり2000円として、年間で144万円のコストがかかっています。一方で、RPAツールの導入費用は50万円、習得コストと自動化プログラムの作成コストは10万円、合計で60万円です。これにより、年間で80万4000円のコスト削減が見込まれます。

メリットと効果
RPAツールの導入による具体的なメリットをお伝えします。

作業時間の大幅な削減
自動化により、毎月60時間、年間720時間の作業時間を削減できます。

ミスの防止
手作業による入力ミスを防ぎ、データの正確性を向上させます。

コスト削減
年間で約80万4000円のコスト削減が見込まれます。

効率性の向上
職員がより重要な業務に集中できるようになります。

結論とお願い
以上のように、RPAツールの導入は私たちの職場に多くのメリットをもたらし、生産性を向上させるための重要なステップとなります。初期費用はかかりますが、長期的には大きなコスト削減と効率化が期待できます。皆さんのご理解とご協力をお願いし、この提案を前向きに検討していただければと思います。

このスクリプトを参考に、上司や同僚にRPAツールの導入を提案してみてください。メリットと効果を明確に伝えることで、説得力を高めることができます。

2 システム運用部署との交渉

●目的

業務用システムの操作のためには、システム管理部門に許可を得る必要があります。相手は、IT関係のプロフェッショナルなので、RPAのメリットを知っています。

RPAの運用時、あまりにも高速で業務用システムを自動操作すると、業務用システムがダウンしてしまいます。そこで、このような、システムに負担をかけないという、社内の管理ルールを守った上でRPAを使用するので、許可して欲しいとの交渉をします。それでは、そのためのスクリプトを生成AIで考えさせます。

●プロンプト

 今回の業務課題について、以下のように情報の提供と質問をしますので、質問に答えてください。

質問の背景と参考情報
職場でのシステムの入力業務にかかる時間が問題となっている。
RPAツールの導入により自動化を目指すことが提案されている。

目的と目標
業務用システムの操作のためには、システム管理部門に許可を得る必要がある。

現在の状況と課題
あまりにも高速で業務用システムを自動操作すると、システムがダウンしてしまう。
そこで「社内の管理ルールを守った上でRPAを使用するので、許可して欲しい」と交渉をする。

既存の取り組みと結果
現在、手作業による業務が行われており、自動化による効果が期待されている。

期待する回答の形式と内容
システム管理部門にRPAによる操作の許可を得るための交渉のスクリプトを作成します。

制約条件
システム部門の許可がないと、業務用システムのRPAによる操作ができない。
ステム管理部門は、IT関係のプロフェッショナルなので、RPAのメリットを知っている。

成功基準
システム管理部門からRPAによる操作の許可を得ること。

具体的な質問
システム管理部門にRPAによる操作の許可を得るための交渉のスクリプトを作ってください。

●解説
　社内への説明の場合、自分で説明する内容を考えると、数行くらいではないかと思います。一方、生成AIに出力させることで、説明の流れ全体を出力することができました。

●出力結果

以下は、システム管理部門にRPAによる操作の許可を得るための交渉のスクリプトです。このスクリプトでは、RPAのメリットを理解しているプロフェッショナルを対象に、社内ルールを遵守しつつ許可を求めるための論理的なアプローチを取っています。

――――――――――――――――――――

導入部分
システム管理部門の皆様、今日はお時間をいただきありがとうございます。本日は、私たちの職場での業務効率化を図るために、RPAツールの導入についてご相談させていただきます。

背景
現在、私たちの職場ではシステムの入力業務に多くの時間を費やしており、これは生産性の低下を招いています。RPAツールを使用することで、これらの業務を自動化し、作業時間を削減し、ミスを防ぐことができます。しかし、業務用システムを操作するためには、皆様の許可が必要です。

5-2 部署にRPAツールを導入する

目的と目標
私たちの目標は、業務用システムの操作をRPAツールで自動化することで、効率的な業務運営を実現することです。ただし、あまりにも高速で操作するとシステムがダウンしてしまうため、社内の管理ルールを遵守した運用を行います。そのため、皆様のご理解と許可をお願いしたいのです。

現在の状況と課題
現状では、毎日3時間の手作業が必要で、これが業務の効率を著しく低下させています。手作業による入力ミスも頻繁に発生しており、これがさらなる問題を引き起こしています。RPAツールの導入により、これらの問題を解決し、生産性を向上させることができます。

提案内容
RPAツールを導入することで、以下のようなメリットが得られます。
作業時間の大幅な削減：自動化により、毎月60時間、年間720時間の作業時間を削減できます。

ミスの防止：手作業による入力ミスを防ぎ、データの正確性を向上させます。
コスト削減：年間で約80万4000円のコスト削減が見込まれます。

システム管理部門へのお願い
私たちは、業務用システムの操作にあたり、皆様の許可が必要であることを理解しています。RPAツールの導入に際しては、システムの負荷を考慮し、管理ルールを厳守することをお約束します。具体的には、RPAツールの動作速度を制御し、システムに過度な負荷をかけないように設定します。また、システムのパフォーマンスを継続的にモニタリングし、問題が発生した場合は速やかに対応いたします。

結論とお願い
RPAツールの導入は、私たちの職場に多くのメリットをもたらし、生産性を向上させるための重要なステップです。皆様のご理解とご協力をいただき、RPAによる操作の許可をいただけるようお願い申し上げます。初期費用と習得コストはかかりますが、長期的には大きなコスト削減と効率化が期待できます。どうか、この提案を前向きにご検討いただけますようお願い申し上げます。

このスクリプトを用いて、システム管理部門にRPAツールの導入許可を交渉して
ください。明確なメリットを示し、ルール遵守を約束することで、許可を得やすく
なるでしょう。

3 人事部門との交渉

●目的

　続いて、自動処理用のシステム操作用のIDを取得します。同時並行して複数のパソコ
ンを使って業務の自動化を遂行するため、担当者本人の業務用システムへのログイン
IDに追加して、RPAによる自動処理用のログインIDを取得します。

　今回のケースの会社では、単に業務用システムのログインIDの発行ができず、仮の
社員IDの発行の手続きをしてから、この仮の社員IDに対し、業務用システムへのアク
セス権限の設定という、2段階の手続きが必要です。

　つまり、システム単体でのログインIDというものはなく、社員IDに対する業務用シ
ステムのアクセス権限の付与によって、アクセス管理しています。

　RPAロボットによる自動化のため、追加のIDを申請するためには、人事部門へロ
ボット用に仮に社員IDを発行していただく必要があります。

　今回、この仮の社員IDの発行を人事部門に依頼します。

※実際のところ、このようなケースは多く見られ、これを「ロボットの人格問題」といい
　ます。

　人事部門は、RPAによる自動処理による効率化を知りません。さらに、どうしてRPA
ロボットによる自動処理に、人事部門がロボット用の社員IDを発行する必要があるの
か理解できません。

　要するに、RPAの自動化やその意義のわからない方との交渉です。しかしながら、こ
の会社では、人事部門を説得しないと、自動処理を進めることができません。会社の中
では、よく事情を知らない方に説明し、納得していただかないと次に進めないというこ
とは良くあることだと思います。そういった状況での説得の文章（スクリプト）を生成
AIに作らせます。

●プロンプト

 今回の業務課題について、以下のように情報の提供と質問をしますので、質問に答えてください。

質問の背景と参考情報
職場でのシステムの入力業務にかかる時間が問題となっている。
RPAツールの導入により自動化を目指すことが提案されている。
今回は、自動処理のための追加のIDの発行が必要である。

目的と目標
システムのログインIDの発行のためには、人事部門に仮の社員IDの発行をしていただく必要がある。

現在の状況と課題
同時並行して複数のパソコンで業務の自動化を遂行するため、担当者本人の業務用システムへのログインIDに追加して、RPAによる自動処理用のログインIDを取得します。
今回のケースでは、単に業務用システムのログインIDの発行ができず、仮の社員IDの発行の手続きをしてから、この仮の社員IDに対し、業務用システムへのアクセス権限の設定という、2段階の手続きが必要です。
つまり、システム単体でのログインIDというものはなく、社員IDに対する業務用システムのアクセス権限の付与によって、アクセス管理しています。
RPAロボットによる自動化のため、追加のIDを申請するためには、人事部門へロボット用に仮に社員IDを発行していただく必要があります。

そこで、この仮の社員IDの発行を人事部門に依頼します。

既存の取り組みと結果
これまでは、担当者用のIDで業務を進めていた。
これから、自動処理を並行して行うための社員IDが必要である。

期待する回答の形式と内容
人事部門にRPAによる操作のための仮の社員IDの発行していただくための交渉のスクリプト

制約条件
人事部門の許可がないと、業務用システムのRPAによる操作ができない。
人事部門は、人事部門は、RPAによる自動処理による効率化を知りません。
さらに、どうしてRPAロボットによる自動処理に、人事部門がロボット用の社員IDを発行する必要があるのか理解できません。

成功基準
人事部門からRPAによる操作の許可を得ること。

具体的な質問
人事部門にRPAによる操作の許可を得るための交渉のスクリプトを作ってください。

● 解説

　生成AIは、人事部門の素人の方に対しても、わかりやすい文章を出力しました。
「ログインIDは社員IDに紐づけられており」との表現は、プロンプト側になく、生成AIからはじめて出力されています。要するに、このID取得に関する「ロボットの人格問題」は、生成AIがすでに学習済でそのデータを使って文章を生成AIしているのではないかと思われます。

● 出力結果

以下に、人事部門にRPAによる操作のための仮の社員IDの発行を依頼するための交渉スクリプトを示します。これを基にして、人事部門との交渉を進めてください。

交渉スクリプト

件名：仮の社員ID発行のお願い（RPA自動化プロジェクト）

本文：
人事部門　ご担当者様
お世話になっております。○○部の△△です。
この度、我々の部門では業務効率化の一環として、RPA（ロボティック・プロセス・

5-2 部署にRPAツールを導入する

オートメーション）ツールを導入し、自動化を進めることとなりました。これに伴い、RPAロボットが業務システムにアクセスできるようにするため、仮の社員IDの発行をお願いしたく、ご連絡差し上げました。

背景と目的：
現在、私たちの部門では手動でのシステム入力業務に多くの時間がかかっており、業務効率の改善が求められています。RPAツールを導入することで、これらの作業を自動化し、業務の正確性と効率性を向上させることを目指しています。しかしながら、RPAロボットが業務システムにアクセスするためには、システムのログインIDが必要です。私たちのシステムでは、ログインIDは社員IDに紐づけられており、直接システム単体でのログインIDを発行することができません。そのため、仮の社員IDを発行していただき、そのIDに業務システムへのアクセス権限を設定していただく必要があります。

具体的なお願い：
RPAロボット用の仮の社員IDの発行
仮の社員IDに対する業務用システムへのアクセス権限の設定

RPA自動化のメリット：

業務効率化：手動で行っていたデータ入力業務を自動化することで、業務時間の削減が期待できます。

正確性向上：人為的なミスを減少させ、データの正確性を高めます。

コスト削減：効率化により、人件費や時間コストの削減が見込まれます。

これらの取り組みにより、全社的な業務効率の向上に貢献できると考えております。人事部門のご協力を得て、スムーズに自動化プロジェクトを進めることができればと思っております。
お手数をおかけいたしますが、何卒ご理解とご協力を賜りますよう、お願い申し上げます。ご不明点や詳細についてのご質問がありましたら、どうぞお気軽にご連絡ください。
よろしくお願いいたします。

4 想定問答

●目的
続いて、人事部門との交渉の想定問答を考えます。生成AIを用いて、事前に交渉のシミュレーションをすることができます。

●プロンプト

 それでは、人事部門との交渉における想定問答を10パターン考えてください。実例を踏まえ、よく考えて具体的に提案してください。

●解説
今回の質問は、想定範囲のように思われます。もっと複雑なケースにおいて、想定問答を出力させてチェックしておくことは有意義だと思います。

●出力結果（一部、省略）

 人事部門との交渉における想定問答を以下に示します。各シナリオは、具体的な質問と回答を含んでいます。

質問：RPAツール導入の背景を教えてください。
回答：「現在、我々の部門では手動でのシステム入力業務に多くの時間がかかっており、業務効率の改善が求められています。RPAツールを導入することで、これらの作業を自動化し、業務の正確性と効率性を向上させることを目指しています。」

質問：なぜ仮の社員IDが必要なのですか？
回答：「私たちのシステムでは、ログインIDは社員IDに紐づけられており、直接システム単体でのログインIDを発行することができません。そのため、仮の社員IDを発行していただき、そのIDに業務システムへのアクセス権限を設定していただく必要があります。」

質問：RPAツールによる自動化のメリットは何ですか？
回答：「RPAツールによる自動化のメリットは以下のとおりです：
業務効率化：手動で行っていたデータ入力業務を自動化することで、業務時間

5-2 部署にRPAツールを導入する

の削減が期待できます。

正確性向上：人為的なミスを減少させ、データの正確性を高めます。

コスト削減：効率化により、人件費や時間コストの削減が見込まれます。」

質問：仮の社員IDの発行にはどれくらいの時間がかかりますか？

回答：「通常の社員IDの発行手続きと同様のプロセスを経るため、おおよそ1週間ほどかかると予想しています。しかし、プロジェクトのスケジュールに合わせて、迅速に対応していただけると大変助かります。」

質問：仮の社員IDのセキュリティについての懸念があります。

回答：「ご懸念はもっともです。仮の社員IDは、特定の業務システムへのアクセス権限のみを持ち、他のシステムへのアクセスは制限されます。また、アクセスログの監視と定期的なレビューを実施することで、セキュリティを確保します。」

参考：費用対効果の分析データ

●職場の問題点

システムの入力業務に、毎日、3時間かかっている。

●提案内容

単純作業が繰り返えされており、自動化したい。また、RPAツールを使用することで、ミスの防止が可能である。

●費用対効果

月に20日間、稼働日がある。

合計：60時間を自動化する。

720時間/年　の工数を削減する。

職員の工数は、2000円（1時間あたり）。

よって、14万4000円のコストを低減できる。

ツールの費用は、50万円。

習得工数と自動化プログラム作成工数：10万円

よって、費用対効果は、80万4000円と見込める。

MEMO

第6章

生成AIを活用した
新規参入

　本章では、生成AIの活用方法をビジネス事例を使って解説します。新規事業として男性化粧品市場に参入する場合を例に、生成AIをどのように活用できるかを説明します。

　マーケティングの事例は、論理思考の研修などでもよく使われ、専門知識がなくても理解しやすいため、これを選びました。そのため、実際のマーケティング業務での活用方法だけでなく、生成AIに指示を出す際の「プロンプト」の書き方を習得するのにも役立ちます。

注意事項

　なお、マーケティング手法の選択方法、活用方法は、製品や市場、担当者によって異なる場合があります。プロンプトの書き方も、状況や目的によって変わります。プロンプト作成の考え方を学ぶための参考例としてお考えください。

Section 1 市場の洞察と戦略的アプローチ（B to Bでのマーケティング戦略）

　では、外資系化粧品メーカーが男性用化粧品を日本市場に参入するケースを用いて、生成AIの使い方を説明していきたいと思います。

1 市場調査

●目的
　生成AIを用いて市場調査を行います。生成AIが、大規模言語モデル（LLM）の中で学習している情報に基づいて、概要を把握します。5章で説明した「問題解決のための8項目」の枠組みを使ってプロンプトを書いています。

●プロンプト

#情報提供
質問の背景と参考情報
外資系の男性化粧品メーカーです。日本市場への参入を検討しています。
日本市場特有の文化、消費者の嗜好、競合状況などの情報を知りたいです。

目的と目標
目的：日本市場への円滑な参入。
目標：市場シェアの確保、ブランド認知度の向上、売上の最大化。

現在の状況と課題
現在の状況：外資系メーカーであり、日本市場について十分な知識や経験が不足しています。
課題：日本市場への適応、ローカライズされたマーケティング戦略の策定、競合他社との差別化。

既存の取り組みと結果
これまで日本市場への参入のアプローチをしていません。

6-1 市場の洞察と戦略的アプローチ（B to B でのマーケティング戦略）

> 期待する回答の形式と内容
> 具体的なアドバイス、実例を含む提案。
>
> 制約条件
> すぐにわかるレベルの情報を知りたいです。
>
> 成功基準
> 日本市場参入における概要の把握ができること。
>
> #具体的な質問
> あなたは、日本市場のマーケティングのコンサルタント（Identity）です。
> アドバイザー（Role）の役割として、外資系の男性化粧品メーカの日本市場への
> 参入可否を判断できる情報を、概要レベルで具体的に提案してください。実例
> を踏まえ、よく考えて具体的に提案してください。

●解説

　生成AIに人格（日本市場のマーケティングのコンサルタント〈Identity〉）を与えると
ともに、役割（アドバイザー〈Role〉）を定義することで、こちらの意図した内容を出力
します。

　「実例を踏まえ、よく考えて、具体的に提案してください。」と入れることで、具体的な
情報を得ることができます。今回の出力結果を見ると、実例も語っているので、参考に
することができます。

■注意
本当に実例を出力しているかどうかは、確認が必要です。
出力内容に例示がない場合は、「Regenerate」ボタンを何回か押すことで出力するよ
うになります。

113

●出力結果

 提案

1.市場調査とターゲティング
文化と消費者の嗜好：
日本では高品質な製品が求められ、特にスキンケア製品には敏感です。自然由来の成分や低刺激性が重視されます。また、パッケージデザインも重要で、シンプルで洗練されたデザインが好まれます。

ターゲット層：
若年層（20代～30代）の男性が主要ターゲットとなります。彼らは美容に対する関心が高く、新しい製品を試すことに積極的です。

2.ローカライズ戦略
製品ラインナップ：
日本市場に適した製品を開発・提供します。例えば、日本人男性の肌質や気候に合わせたスキンケア製品が必要です。

ブランドメッセージ：
日本の消費者に響くメッセージを作成します。「品質第一」や「信頼性」を強調すると良いでしょう。

3.競合分析
主要競合：
日本市場で成功している男性化粧品ブランド（例えば、資生堂、POLA、カネボウなど）を分析します。これらのブランドがどのような戦略を採用しているかを研究し、差別化ポイントを見つけます。

差別化戦略：
自社の強みを活かした差別化ポイントを明確にします。例えば、特許技術や独自の成分を強調することが考えられます。

4.マーケティングチャネル

オンライン販売：
日本ではECサイト（Amazon、楽天市場など）が非常に普及しているため、オンライン販売チャネルを強化します。また、公式ウェブサイトでの直接販売も検討します。

店舗展開：
都市部のデパートやドラッグストアに製品を展開します。特に、東京、大阪、名古屋などの大都市に重点を置きます。

5.プロモーション戦略

インフルエンサーマーケティング：
日本では美容系インフルエンサーの影響力が強いです。人気インフルエンサーとのコラボレーションや製品レビューを依頼します。

SNS活用：
InstagramやTwitterなどのSNSを活用し、ブランドの認知度を高めます。日本語でのコンテンツ作成が重要です。

イベント：
日本国内でのイベントやポップアップストアを開催し、直接消費者と接触する機会を作ります。

実例

LUSHの成功事例：
イギリスの化粧品ブランドLUSHは、日本市場への参入時に日本人の嗜好に合わせた製品ラインナップを開発し、環境に配慮したパッケージングを採用しました。また、日本特有の店舗デザインや接客スタイルを取り入れることで成功しました。

The Ordinaryの事例：
カナダのスキンケアブランドThe Ordinaryは、透明性と効果を強調することで日本市場で人気を博しています。成分や効果について詳細な情報を提供し、消費者の信頼を獲得しました。

これらのアドバイスと実例を参考に、日本市場への参入可否を判断し、具体的な戦略を立ててください。

2 ターゲット層の選定（顧客セグメントの選定）

●目的

今回の日本市場への進出にあたり、メインとなるターゲット層（メインセグメント）を決めます。

ターゲットセグメントの選定にあたり、フェルミ推定を用いています。フェルミ推定は、詳細なデータ分析の前段階で、迅速な意思決定や方向性の設定に役立ちます。

> ●フェルミ推定
> フェルミ推定とは、正確なデータがない場合でも、論理的な思考と概算を用いて問題の大まかな解答を導き出す手法のことです。マーケティングに活用する際には、以下の点で有用です。
>
> ・市場規模の推定
> 　新規市場や未開拓分野の潜在的な規模を素早く見積もれます。
> ・需要予測
> 　製品やサービスの潜在的な需要を、人口統計や消費傾向から推測できます。
> ・リソース配分
> 　限られた情報で、各マーケティング活動への投資の優先順位を決定できます。
> ・競合分析
> 　競合他社の売上や市場シェアを、公開情報から推定できます。
> ・戦略立案
> 　大局的な視点で市場を捉え、効果的なマーケティング戦略を素早く立案できます。

●プロンプト

 男性用化粧品の日本市場について、10代、20代、30代、40代、50代、60代の中で、フェルミ推定により、市場調査を予測し、メインターゲットセグメントを提案してください。また、その判断理由を述べてください。

6-1 市場の洞察と戦略的アプローチ（B to Bでのマーケティング戦略）

●解説

新規に男性用化粧品市場に進出するにあたり、どのセグメントに重点を置くかということは非常に重要です。その判断のため、生成AIを使って参考情報を得ることができます。フェルミ推定のベースとして、生成AIの持っている統計データを参考としています。

●出力結果

 フェルミ推定による市場予測

日本の男性人口は約6,000万人とします。以下の各年代の人口割合と、化粧品に関心を持つ割合を推定します。
・10代：8%
・20代：10%
・30代：12%
・40代：13%
・50代：14%
・60代：11%

次に、各年代の男性化粧品の使用率を以下のように仮定します。
・10代：15%
・20代：30%
・30代：25%
・40代：20%
・50代：15%
・60代：10%

この推定に基づいて、各年代の市場規模を計算します。

市場規模の計算
・10代：6,000万人 × 8% × 15% = 720,000人
・20代：6,000万人 × 10% × 30% = 1,800,000人
・30代：6,000万人 × 12% × 25% = 1,800,000人
・40代：6,000万人 × 13% × 20% = 1,560,000人
・50代：6,000万人 × 14% × 15% = 1,260,000人
・60代：6,000万人 × 11% × 10% = 660,000人

メインターゲットセグメントの提案
市場規模の大きさから、20代と30代の男性がメインターゲットセグメントとして最も適しています。これらの世代は、比較的可処分所得が高く、美容に対する関心も高いです。

上記の結果より、市場規模の大きさより、20代、30代をメインセグメントと選定します。

3　生成AIを用いたアンケート調査

●目的
30代男性向けのスキンケア製品に関するニーズを探るためのアンケート結果を、生成AIを使って予想します。

●プロンプト

#アンケート結果の予想と集計
日本市場で30代男性をターゲットにしたアンケートの結果を予想し、上位10項目を具体的に列挙してください。以下に、アンケートの詳細と集計結果の形式を示します。

アンケート詳細
対象：30代男性
質問：スキンケア化粧品が必要だと感じたシチュエーションや、スキンケア化粧品がないことで困った具体的な状況を教えてください。

集計結果の形式
アンケート結果の上位10項目を具体的に列挙してください。
実例を踏まえ、よく考えて、アンケート結果を予想し、多い順に並べてください。

6-1 市場の洞察と戦略的アプローチ（B to Bでのマーケティング戦略）

●解説

質問の工夫として、具体的なシチュエーションや状況を尋ねているため、生成AIが具体的なエピソードを提供しやすくなっています。これにより、抽象的な回答よりも具体的で実際的な洞察を得ることができます。

スキンケア化粧品に対するポジティブなアプローチとネガティブなアプローチの両面を把握できます。これにより、バランスの取れた意見を得ることができます。

●ニーズとインサイトの違い

> マーケティングでは、ニーズとインサイトという概念があります。マーケティングにおけるニーズとインサイトの違いは次のとおりです。
>
> ニーズは消費者が満たしたいと感じる要求や欲求のことで、比較的表面的で明確なものが多く、消費者自身が認識しています。例えば、「肌の乾燥を防ぎたい」や「シミを隠したい」といった具体的な要求がニーズにあたります。
> 一方、インサイトは消費者の深層心理や行動の背景にある動機を指します。インサイトはより深く、潜在的な欲求や動機であり、消費者自身が明確に認識していないことも多いです。例えば、「肌の状態が良いと自信が持てる」や「若々しく見られたい」といった感情的な背景がインサイトにあたります。

マーケティングにおけるアンケートで、ユーザーのニーズやインサイトを効果的に引き出すためには、ケースバイケースで、以下のようなプロンプトも有効です。

この製品を使用して最も気に入った点は何ですか？
この製品をどのような場面で使用していますか？
この製品を使用したとき、どのような気分になりましたか？
他の類似製品と比べて、この製品の優れている点は何だと思いますか？

表面的なニーズや希望を超えて、根底にある動機、潜在的な課題、そして将来の傾向を分析し、具体例を交えて詳細に説明してください。また、これらの洞察がビジネスや戦略にどのような影響を与える可能性があるか考察してください。

6

生成AIを活用した新規参入

今回は、フェルミ推定は使用していません。フェルミ推定を使用しない場合、より多くの具体的な意見や実例が集まる可能性があります。フェルミ推定を使用しない方が、アンケート結果に基づく具体的なアイデアを得るのに適しています。生成AIから様々な視点や経験を反映した具体的な状況や場面を知ることができます。

●出力結果

 出力結果抜粋

アンケート結果を集計し、上位10件の心理的なニーズを挙げます。

1. 朝起きたときに、肌が乾燥している感じがする。
2. 外出先で長時間過ごした後、肌がベタつく感じがする。
3. 疲れた日や睡眠不足の日は、肌のくすみやくまが目立つ。
4. 顔がカサカサして、ファンデーションがムラになることがある。
5. 日差しを浴びた後、肌がピリピリすることがある。
6. 仕事やプライベートでストレスを感じると、肌荒れが起こりやすい。
7. 寝る前に洗顔すると、肌が突っ張る感じがする。
8. 顔を洗った後、肌がごわついている感じがする。
9. いろいろな製品を試してみたが、自分に合ったものが見つからない。
10. 年齢とともに、シミやシワが気になり始めている。

　生成AIであっても、心理的なニーズを語っています。大規模言語モデル（LLM）データに基づく内容であり、参考にすることができます。

●参考

　「男性用化粧品のメリットを10点、挙げてください。」と聞くとあたりまえのことしか出力しませんでした。営業的にどう活用していいかフォーカスしづらいように思います。

6-1 市場の洞察と戦略的アプローチ（B to B でのマーケティング戦略）

4 ニーズ調査の表の作成

●目的
ここでは、生成 AI に一覧表を出力させて、概要を把握できるようにします。

●プロンプト

> このアンケート結果を表にまとめてください。
> 各項目に対し、数値で示してください。

●解説
簡単な表であれば、生成 AI に書かせることも可能です。

●出力結果

アンケート結果（数値）

番号	アンケート項目	件数
1	朝起きたときに、肌が乾燥している感じがする	150
2	汗をかいた後や外出先で、肌がベタつく感じが気になる	130
3	疲れた日や睡眠不足の日は、肌のくすみやくまが目立つ	120
4	顔がカサカサして、ファンデーションがムラになることがある	110
5	日差しを浴びた後、肌がピリピリすることがある	100
6	仕事やプライベートでストレスを感じると、肌荒れが起こりやすい	90
7	寝る前に洗顔すると、肌が突っ張る感じがする	80
8	顔を洗った後、肌がごわついている感じがする	70
9	色々な製品を試してみたが、自分に合ったものが見つからない	60
10	年齢とともに、シミやシワが気になり始めている	90

5 アンケートの作成

●目的

　日本市場参入のため、当社の製品タイプ10種類の中からどの製品が良いかアンケートを作成します。

●プロンプト

 男性用化粧品には、上記の10個の製品タイプがあります。
日本市場に受け入れられるものは、どのようなタイプか把握したい。
このニーズ分析を前提に、アンケートを取ります。
アンケートの内容は、実際の製品タイプの選定に役立つように良く考えて作成してください。
メインターゲットセグメントの20代、30代向けアンケートを10項目考えてください。

#当社の製品タイプ

肌の乾燥に対する製品タイプ：
アンケートで肌が乾燥すると感じる人が多い場合、保湿力の高い化粧水や保湿クリームなどの製品が求められる可能性が高いです。

肌のベタつきに対する製品タイプ：
肌がベタつく感じがすると回答した人には、テカリを抑える効果のあるマットタイプの化粧品やオイルコントロール効果のある製品が適しています。

肌のくすみやくまに対する製品タイプ：
肌のくすみやくまが目立つと感じる人には、肌のトーンを明るくする効果のある美白や明るい肌色を与えるタイプのファンデーションやコンシーラーが適しています。

ファンデーションのムラに対する製品タイプ：
ファンデーションのムラが気になる人には、肌表面を整える効果のあるプライマーや均一なカバー力を持つファンデーションが適しています。

肌のピリピリ感に対する製品タイプ：
日差しを浴びた後に肌がピリピリすると感じる人には、日焼け止め効果のある化

6-1 市場の洞察と戦略的アプローチ（B to Bでのマーケティング戦略）

粧品や肌を落ち着かせる効果のあるアフターサン製品が適しています。

肌荒れに対する製品タイプ：
ストレスや疲れによる肌荒れが起こりやすい人には、肌を保護し鎮静効果のある
成分が含まれたスキンケア製品が適しています。

洗顔後の突っ張り感に対する製品タイプ：
洗顔後に肌が突っ張ると感じる人には、肌の水分バランスを整える保湿効果の
ある洗顔料や化粧水が適しています。

洗顔後のごわつき感に対する製品タイプ：
洗顔後に肌がごわつくと感じる人には、肌をなめらかに整える効果のある洗顔
料や保湿効果のある化粧水が適しています。

自分に合った製品が見つからない人に対する製品タイプ：
自分に合った製品が見つからないと感じる人には、肌質や悩みに合わせたカスタ
マイズが可能な製品やトライアルセットが適しています。

シミやシワに対する製品タイプ：
年齢とともにシミやシワが気になり始めている人には、美白効果やエイジングケ
ア効果のある製品が適しています。

●解説
生成AIを用いた効率的なアンケート作成方法について解説します。
持っている情報は、以下の2つです。

①アンケート結果
②自社の製品ラインナップ

　アンケートでは、①ニーズ予測を基にしたアンケート結果を踏まえ、②自社の製品ラ
インナップとの関連性を考慮し、どれが適切かを選定するためのアンケートを生成AI
を使って考えました。これは、アンケート結果をマーケティングに反映させる必要があ
るためです。具体例としては、次の図のようになります。

図1 生成AIを用いた効率的なアンケート作成方法

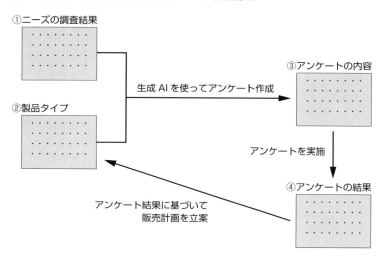

よって、プロンプトにおいて、以下のように指示をしています。

 このニーズ分析を前提に、アンケートを取ります。
アンケートの内容は、実際の製品タイプの選定に役立つように良く考えて作成してください。

③アンケート内容

図1の「①ニーズ調査の結果」と「②製品タイプ」の２つの視点を考慮しながら、「③アンケートの内容」を作成します。これら２つの要素を踏まえて、自分でアンケートの内容を作成しようとすると頭を使いますが、生成AIを活用すれば短時間でアンケートを作成できます。

以下のように、アンケートを立案します。

6-1 市場の洞察と戦略的アプローチ（B to Bでのマーケティング戦略）

●出力結果

 30代向けの男性用化粧品に関するアンケートのサンプルを以下に示します。これらの質問は、ニーズ分析結果を踏まえて、具体的な製品タイプの選定に役立つように慎重に作成されています。

1. あなたは、朝起きたときに肌が乾燥していると感じますか？（はい／いいえ）
2. 外出先で長時間過ごした後、肌がベタつくことがありますか？（はい／いいえ）
3. 疲れた日や睡眠不足の日に、肌のくすみやくまが目立つことがありますか？（はい／いいえ）
4. 顔がカサカサして、ファンデーションがムラになることがありますか？（はい／いいえ）
5. 日差しを浴びた後、肌がピリピリすることがありますか？（はい／いいえ）
6. 仕事やプライベートでストレスを感じると、肌荒れが起こりやすいですか？（はい／いいえ）
7. 寝る前に洗顔すると、肌が突っ張る感じがしますか？（はい／いいえ）
8. 顔を洗った後、肌がごわついている感じがしますか？（はい／いいえ）
9. いろいろな製品を試してみたが、自分に合ったものが見つかりませんか？（はい／いいえ）
10. 年齢とともに、シミやシワが気になり始めていますか？（はい／いいえ）

これらの質問を通じて、30代男性が感じる具体的な肌の悩みやニーズを把握し、適切な製品タイプを選定するための情報を収集することができます。

6 シミュレーション

●目的
このアンケートを実施した時のシミュレーションを行います。
シミュレーションも、生成AIを活用し、大規模言語モデル(LLM)の中のデータを用いて予想します。

●プロンプト①

 それでは、このアンケートを実施したときのシミュレーションをしましょう。男性30代にアンケートした結果を5例、示してください。

●解説①
リアルにアンケートを取って、ビジネスプロセスを回す前に、生成AIを使ってアンケート結果のシミュレーションを行い、その結果に基づき、PC上で事業戦略を検討します。

●出力結果①

 了解しました。以下は、男性30代向けのアンケート結果のシミュレーションです。

Aさん:

1. はい
2. いいえ
3. はい
4. いいえ
5. いいえ
6. はい
7. いいえ
8. いいえ
9. はい
10. はい

6-1 市場の洞察と戦略的アプローチ（B to B でのマーケティング戦略）

●プロンプト②

それでは、この30代男性向けアンケートを1000件したときの結果を集計して、集計結果を示してください。

●解説②

アンケートに対し、大規模言語モデル（LLM）の中の情報に基づいてシミュレーションをすることができます。もちろん、生成AIそのものの精度として確実性があるわけではありませんが、1つの参考にはなると思います。生成AIのデータに基づき、実際のアンケートの前にPDCAを回し、課題の洗い出しをすることができます。

ここでは、30代男性の化粧品のニーズは、ストレス、睡眠不足による肌荒れとの傾向が出ました。

生成AIのシミュレーションとはいえ、筆者は「なるほど」と思いました。

●出力結果②

了解しました。アンケートの結果を集計し、以下に示します。

1. 肌が乾燥していると感じる：はい − 650人、いいえ − 350人
2. 外出後に肌がベタつく：はい − 480人、いいえ − 520人
3. 疲れた日にくすみやくまが目立つ：はい − 720人、いいえ − 280人
4. カサカサした肌でファンデーションがムラになる：はい − 550人、いいえ − 450人
5. 日差しを浴びると肌がピリピリする：はい − 380人、いいえ − 620人
6. ストレスで肌荒れが起こる：はい − 800人、いいえ − 200人
7. 洗顔後に肌が突っ張る：はい − 420人、いいえ − 580人
8. 洗顔後に肌がごわつく：はい − 550人、いいえ − 450人
9. 自分に合った製品が見つからない：はい − 600人、いいえ − 400人
10. 年齢とともにシミやシワが気になる：はい − 720人、いいえ − 280人

これらの集計結果は、1000人の男性30代が回答したアンケートの結果です。

7 日本市場へ投入する製品候補の選定

●目的
アンケート結果に基づき、日本市場に投入する製品候補を3タイプに選定します。

●プロンプト

 この結果からいえる、日本市場に導入する製品候補を3タイプで示してください。

●解説
ここは、先ほどのアンケート結果から、上位3つを選択します。

●出力結果

 この結果を踏まえて、日本市場に導入する製品候補を以下の3つのタイプで示します：

①保湿・スキンケア効果が高い製品
肌が乾燥していると感じる人が多いため、保湿力が高く、肌をしっかりと保護し、水分を与える製品が求められます。
ストレスや睡眠不足による肌荒れを防ぐ効果もあると望まれるでしょう。

②テカリを抑える・油分ケア製品
外出後に肌がベタつくと感じる人が一定数存在するため、テカリを抑える効果のある製品が需要があると考えられます。
同時に、肌に必要な水分を保ちながら余分な油分を除去する製品も需要があります。

③トーンアップ・シミ・シワケア製品
疲れた日にくすみやくまが目立つ、年齢とともにシミやシワが気になると回答した人が多いため、トーンアップや美白効果のある製品が需要があります。
同時に、肌のトーンを均一に整え、シミやシワの改善を促進する効果のある製品も市場に受け入れられる可能性が高いです。

これらの製品候補は、アンケート結果から得られた肌の悩みやニーズに対応するように選定されています。

8 古典的なマーケティング手法（AIDMA）

●目的
マーケティングプロセスを古典的なマーケティング手法あるAIDMA（アイドマ）フレームワークを使って立案します。ここでは、まず、生成AIがこのフレームワークを知っているか確認します。

●プロンプト①

従来からあるマーケティング戦略のAIDMAはわかりますか？

AIDMAとは、以下の略です。

Attention…注目
Interest…興味
Desire…欲求
Memory…記憶
Action…行動

●出力結果①

はい、AIDMAは、マーケティング戦略の一般的なモデルです。以下に、AIDMAの各要素を示します：

1.Attention（注意）
ターゲット市場の関心を引くために、広告やプロモーションなどの手段を使用して、製品やサービスに注意を喚起します。

2.Interest（興味）
潜在顧客の興味を引くために、製品やサービスの特長や利点を強調し、彼らの関心を維持します。

3.Desire(欲望)
興味を持った潜在顧客に対して、製品やサービスの価値を強調し、彼らの欲求やニーズに合うと感じさせることで、購買欲求を喚起します。

4.Memory(記憶)
製品やサービスのブランドや特徴を顧客の心に留めさせ、将来的な購買行動を促進します。

5.Action(行動)
最終的な目標である購買や契約を促進し、顧客に製品やサービスを購入する、またはその他の行動を取るように誘導します。

　生成AIは、AIDMAに関して正しい知識を持っていることが確認できました。一方、この後に説明するAISASについて、ChatGPTは正しい知識を持っていませんでした。後述します。

●プロンプト②

 先ほどの結果を踏まえて、以下のタイプの製品のマーケティング戦略にAIDMAを利用して立案してください。
実例を踏まえて、具体的によく考えて提案してください。

保湿・スキンケア効果が高い製品：
肌が乾燥していると感じる人が多いため、保湿力が高く、肌をしっかりと保護し、水分を与える製品。ストレスや睡眠不足による肌荒れを防ぐ効果もある。

●解説
　AIDMAというのは、マーケティングにおける購入プロセスを説明するフレームワークです。このプロセスに従い、購入戦略を立案することで、一貫した流れで戦略を立案することができます。

　ここでは、生成AIを使って、対象製品に合った戦略を立案します。

●出力結果②

 この結果を踏まえて、日本市場に導入する製品候補を以下の3つのAIDMAを利用して、保湿・スキンケア効果が高い製品のマーケティング戦略を立案します。

1.Attention（注意）
・広告やソーシャルメディアキャンペーンを通じて、肌の乾燥やストレスによる肌荒れなど、ターゲット市場の一般的な肌の悩みに焦点を当てます。
・目を引く画像やキャッチーなキャッチコピーを使用して、製品の保湿効果や肌の健康への利点を強調します。

2.Interest（興味）
・ブログ記事やビデオコンテンツを通じて、肌の保湿に関する専門知識やヒントを提供します。
・インフルエンサーマーケティングを活用し、肌のケアに関心のある人気のあるインフルエンサーが製品を試し、その効果についてレビューや体験談を共有するよう促します。

3.Desire（欲望）
・ユーザー生成コンテンツ（UGC）を活用し、製品の実際のユーザーからのポジティブなフィードバックや画像を公開します。
・特別な限定キャンペーンやプロモーションを通じて、製品の購入を促進する特典や割引を提供します。

4.Memory（記憶）
・ブランドロゴや製品の特徴を強調した広告やポスターを使用して、顧客の心にブランドと製品を覚えさせます。
・メールマーケティングやソーシャルメディア広告を通じて、定期的に製品のリマインダーを送信し、顧客の関心を維持します。

5.Action（行動）
・製品の購入を促進するために、オンラインストアやリテールパートナーでの特別なプロモーションや割引を提供します。
・購入後のサポートや製品の効果に関するフィードバックを収集し、顧客満足度を高めるための取り組みを実施します。

このようにして、AIDMAフレームワークを使用して、保湿・スキンケア効果が高い製品のマーケティング戦略を立案し、顧客が製品に関心を持ち、購買行動に移行するように導きます。

9 インターネットを活用したマーケティング手法（AISAS）

●目的
ここでは、別の購入モデルのフレームワークであるAISAS（アイサス）を使用します。

●プロンプト①

AIDMAに対して、AISASはわかりますか。

●出力結果①

AISASは、Awareness（認知）、Interest（興味）、Search（検索）、Action（行動）、Satisfaction（満足）の頭文字を取ったマーケティングフレームワークです。

生成AIがAISASを説明しましたが、間違った内容でした。
「S」は、Satisfaction（満足）ではありません。ここで正しい知識を与えます。

●プロンプト②

AISASについて説明します。

近年、新しい購買行動プロセスのフレームワークとして、AISAS（アイサス）というものがあります。これは、インターネット、および、SNS等の普及によるものです。日本の広告代理店の電通が提案したものです。

AISASとは、以下の略です。

Attention…注目（AIDMAと共通）
Interest…興味（AIDMAと共通）

6-1　市場の洞察と戦略的アプローチ（B to Bでのマーケティング戦略）

Search…検索
Action…行動（AIDMAと共通）
Share…共有

SearchとShareがAIDMAと異なります。

インターネット上で検索し、SNSで共有するなど、インターネットの発達とともに新しい購買行動のプロセスが生まれました。

●（続き）

それでは、今度は、先ほどの結果を踏まえて、以下のタイプの製品のマーケティング戦略にAISASを利用して立案してください。
実例を踏まえて、具体的によく考えて提案してください。

保湿・スキンケア効果が高い製品：
肌が乾燥していると感じる人が多いため、保湿力が高く、肌をしっかりと保護し、水分を与える製品。ストレスや睡眠不足による肌荒れを防ぐ効果もあります。

●解説

　AISASは、日本の株式会社電通の開発したフレームワークです。このため、ChatGPTは、このフレームワークの情報を正しく持っていませんでした。このため、いったんAISASを知っているか確認した後、正しい情報を与え、その後、AISASを用いた分析を行います。

●出力結果②

AISASフレームワークを用いて、保湿・スキンケア効果が高い製品のマーケティング戦略を提案します。

1.Attention（注目する）
・ソーシャルメディアやオンライン広告を活用して製品の保湿・スキンケア効果を強調します。美しい肌やリフレッシュされた顔を特徴とする広告ビジュアルを使用し、目を引くキャッチフレーズを採用します。
・インフルエンサーマーケティングを活用し、美容ブロガーやインフルエンサーが製品の効果を実演し、その効果を共有します。

2.Interest（興味を持つ）
・製品の特徴や利点に焦点を当てたコンテンツを提供します。ブログ記事やビデオコンテンツを通じて、製品の成分や技術、実際のユーザーの体験談を紹介します。
・ユーザーが製品に興味を持った場合、ウェブサイトやソーシャルメディアプロフィールへのリンクを提供し、詳細な情報や製品カタログにアクセスできるようにします。

3.Search（検索する）
・検索エンジン最適化（SEO）を強化し、顧客が製品を検索した際に容易に見つけられるようにします。関連キーワードやフレーズを含むコンテンツを作成し、ブログ記事やウェブサイトに積極的に掲載します。
・ユーザーがSNS上で製品に関する情報を検索する場合に備えて、公式のSNSアカウントを運営し、製品に関する最新情報やユーザーレビューを共有します。

4.Action（行動する）
・製品を購入する際に障壁を減らすために、オンラインストアでの購入プロセスをシンプルかつスムーズにします。簡単なチェックアウトプロセスや安全な支払いオプションを提供し、顧客が簡単に購入できるようにします。
・特別なプロモーションや限定セールを実施し、購買意欲を高めます。例えば、初回購入時の割引や無料サンプルの提供など。

5.Share（共有する）
・製品を購入した顧客に、SNS上で製品の写真やレビューを共有するよう促します。購入後の満足度を高めるために、製品の使用方法や効果に関するポスト購入サポートを提供します。

以上が、保湿・スキンケア効果が高い製品のAISASフレームワークを用いたマーケティング戦略の提案です。これにより、顧客の関心を引き付け、購買行動を促進し、口コミマーケティングを通じてブランドの知名度を向上させることが期待されます。

6-1　市場の洞察と戦略的アプローチ（B to Bでのマーケティング戦略）

10　2つのマーケティング戦略の違い

●目的
それぞれのモデル（AIDAMA、AISAS）の違いを生成AIに比較、解説させます。

●プロンプト

以下の製品をそれぞれのフレームワークで販売戦略を立てた時の違いを説明してください。
保湿・スキンケア効果が高い製品

●解説
　AIDMAの提案とAISASの提案の違いがよくわからない場合は、生成AIに違いを聞きます。生成AIの出力の意味がわからない場合は、解説させることは良くあります。
　例えば、他の分野ですが、筆者はプログラミングにも生成AIを活用しています。生成AIを使用すると、プログラムを作成することや、修正することが可能ですが、そのプログラムが正しく動作しても、どのようになっているのか理解できない場合があります。その場合、生成AIに解説をさせています。

●出力結果

～以下は抜粋～

まとめ
- AIDMAモデルは、消費者の記憶に製品を残し、購入後に他人に推奨する段階に重点を置いています。このため、ブランド構築や消費者の心に残るキャンペーンが重要です。
- AISASモデルは、インターネットやSNSの普及に対応し、消費者が情報を検索し、その結果を共有する行動を強調しています。このため、SEO対策やSNSでのエンゲージメントが重要です。

このように、AIDMAは従来のマーケティング手法を重視し、AISASはデジタル時代の消費者行動に合わせたアプローチを採用しています。製品の販売戦略を立てる際には、ターゲット層や市場環境に応じて、どちらのモデルを活用するかを判断することが重要です。

11 生成AIによる議論

●目的

続いて、この2つの立場で、議論をさせ、結論を導き出させます。

●プロンプト

部署内には、30代男性へこの製品タイプの化粧品のマーケティングについて2つの意見があります。AIDMAを採用しようとしているAさん、AISASを採用しようとしているBさんがいます。AさんとBさんの議論を再現してください。

●解説

この議論を読むと、どのような点が論点であるか、把握することができます。生成AIによる議論を見ながら、論点を把握することもできます。

●出力結果

Aさん：「AIDMAを採用すべきです。なぜなら、AIDMAは購買行動を促進するための実績のあるフレームワークであり、顧客の注意を引き、興味を持たせ、欲求を喚起することができます。この製品タイプの場合、顧客は乾燥肌や肌荒れなどの問題を抱えている可能性が高いため、効果的なマーケティング戦略としてAIDMAが適しています。我々は顧客の関心を引きつけ、製品の特長や利点を強調し、購買行動を促進することに焦点を当てるべきです。」

Bさん：「一方でAISASの方が適切です。AISASは顧客の購買プロセス全体を包括的に捉え、認知から満足までの段階を考慮します。この製品タイプの場合、顧客はまず肌の乾燥や肌荒れなどの問題に気付き、それから製品を検索し、購入行動に移る可能性が高いでしょう。その後の顧客満足度も重要です。AISASを採用することで、我々は顧客のニーズに合わせた包括的なマーケティング戦略を展開し、顧客満足度を高めることができます。」

（以下、省略）

議論が止まったら、「続けてください。」あるいは別の論点を与え、「＊＊について議論してください。」と入力すると議論を継続します。

Section 2　ビジネスの方向性を考える（戦略的コンサル思考）フレームワーク活用

1　フレームワーク、ビジネスコンセプトを使うメリット

　ビジネスの分析、戦略立案、管理等の目的のためには、様々なフレームワーク、ビジネスコンセプトがあり、経済学者や、コンサルタント会社により開発されました。
　このようなフレームワーク、ビジネスコンセプトを使うと以下のようなメリットがあります。

❶構造化された思考の促進
　フレームワークやビジネスコンセプトは、複雑な状況や問題を整理し、構造化された形で捉えることを可能にします。これにより、問題の全体像を把握しやすくなり、重要な要素を見落とすリスクを低減できます。

❷客観的な分析の支援
　フレームワークを使用することで、個人の主観や偏見に左右されにくい、より客観的な分析が可能になります。定められた枠組みに沿って情報を整理することで、感情や直感に頼りすぎることを防ぎ、より合理的な意思決定を行うことができます。

❸コミュニケーションの円滑化
　共通のフレームワークやビジネスコンセプトを使用することで、チーム内や組織全体での議論や情報共有等のコミュニケーションが円滑になります。複雑な情報や戦略を、理解しやすい形で共有することができます。

❹効率的な問題解決
　既存のフレームワークやビジネスコンセプトを活用することで、ゼロから考え出す必要がなく、効率的に問題解決に取り組むことができます。過去の経験や知見が凝縮されたツールを使用することで時間と労力を節約しつつ、質の高い分析や戦略立案が可能になります。

❺継続的な改善の促進

　フレームワークやビジネスコンセプトを定期的に使用することでビジネスの現状を常に把握し、継続的な改善を行うことができます。同じフレームワークを時系列で使用することで、変化や進捗を可視化し、効果的かつ継続的な改善が可能になります。

❻リスク管理の強化

　体系的なアプローチを提供するフレームワークやビジネスコンセプトを使用することで、潜在的なリスクや課題を早期に特定し、対策を講じることができます。これにより、ビジネスの安定性と持続可能性を高めることが可能になります。

2 フレームワークの活用

　ビジネスにおいては、フレームワークの活用により、戦略立案等に大きな効果があげられています。さらに、生成AIをビジネスに活用する際、フレームワークを効果的に使うことで、情報の整理や戦略立案がよりスムーズになります。本章では、生成AIを用いてビジネスフレームワークを活用する具体的な方法について解説します。

　生成AIをフレームワークに活用する方法には主に以下の場合があります。
　ここでは、3C分析（自社、顧客、競合）を例に説明します。

❶情報の収集・情報の整理

　生成AIは、膨大なデータを基に学習しており、その情報を特定のフレームワークにあてはめることで、ビジネス上の課題解決に役立ちます。

• 情報の収集

　生成AIは、上場企業等であれば、豊富なデータを学習しています。これを利用して、3C（自社、顧客、競合）の枠組みの情報を収集することができます。

　ただし、企業全体というよりも、特定の製品や事業分野に焦点を当てることで、より具体的な戦略を立案することが必要な場合は、生成AIの持つデータでは不足している場合があります。また、学習データが古い場合もあります。

- **情報の整理**

　生成AIを使用することで、手持ちのデータをフレームワークに沿って整理することができます。営業データや顧客フィードバックを生成AIに入力し、3Cの枠組みで分類整理させることで、情報を迅速に整理できます。

❷集めるべき情報を提案させる

　戦略立案に必要な情報は、業界・製品によって異なります。指定したフレームワークを活用する上で必要な情報の枠組み（例：自社、顧客、競合）において、具体的に必要な項目が何かを生成AIを使ってリストアップさせることができます。そして、その項目の情報に基づいてデータ収集を行います。

図2　日本の男性用化粧品の市場に参入する際の3C分析の例

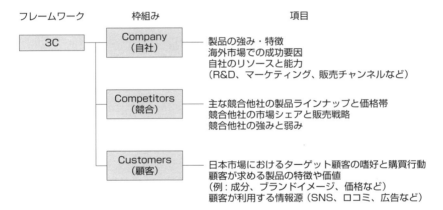

❸戦略の立案

　生成AIの学習データの中には、フレームワークを活用し、戦略を立案した多くのデータがあります。

　フレームワークを指定して戦略を提案させることで、それらの学習データに基づいた提案を得ることができます。

3 フレームワークの活用に必要な情報の要求

いろいろと検討した結果、「②集めるべき情報を提案させる」部分に生成AIを活用することで、各製品や業務分野においてフレームワークを活用する際に、適切な項目を多く出力できることがわかりました。

そもそも、フレームワークを活用する際に、各製品や業務分野で集めるべき情報の項目は異なります。生成AIが学習したデータから多用な項目を提案させ、その情報を収集し、項目を埋め、枠組みに当てはめて戦略を立案します。

例えば、「実例を踏まえ、よく考えて具体的に提案してください。」と指示すると、各ビジネス分野に適した項目を幅広く提案してくれるため、効果的です。

●プロンプト

 必要な情報の要求
あなたは、ビジネスの状況を踏まえ、フレームワーク：3Cを使用するのに必要な項目情報を教えてください。実例を踏まえ、よく考えて具体的に提案してください。

これまでの情報を整理すると、効果的にフレームワークを活用するには以下の4段階（Ⅰ、Ⅱ、Ⅲ、Ⅳ）となります。

Ⅰ：生成AIに項目をリストアップさせる
Ⅱ：項目の情報を生成AIに渡す
Ⅲ：生成AIが、3C分析の枠組みに各項目の情報をあてはめる
Ⅳ：3C分析の学習データに基づき、戦略を立案する

6-2 ビジネスの方向性を考える（戦略的コンサル思考）フレームワーク活用

4 自社と競合、顧客の関係を分析する（3C分析）

●目的

それでは、フレームワークの活用のためのプロンプト（実践パターン）を用いて、3C分析を行います。まず、3C分析について説明します。

●3C分析

3C分析とは、市場を顧客（Customer）、競合（Competitor）、自社（Company）の3視点で分析を行い、市場における自社の位置づけを明確にするフレームワークです。

3C分析のメリットは、市場全体の構造を把握しやすく、自社の強みや弱みを競合と比較しながら理解できる点です。また、顧客ニーズと自社の提供価値のギャップを特定することで、効果的な戦略立案が可能となります。

・Customer（顧客）　：顧客のニーズ、欲求、購買行動を理解する
・Company（自社）　：自社の強み、弱み、リソース、能力を評価する
・Competitor（競合）：主要な競合企業を特定し、その戦略を分析する

3C分析を通じて、企業は市場環境を包括的に理解し、効果的な戦略を立案できます。顧客ニーズと自社の強みを適切にマッチングさせ、競合との差別化を図ることで、持続可能な競争優位性を構築することができます。このフレームワークは、新製品開発、マーケティングキャンペーンの立案、ビジネスモデルの再構築等、様々な局面で活用されています。3C分析は、マッキンゼー・アンド・カンパニーの元日本支社長である大前研一氏が『The Mind of the Strategist』内で提唱しました。

3C分析は非常にメジャーなフレームワークであり、生成AIも知らないことはまずありませんが、他のフレームワークで生成AIが認識できない場合、英語表記を提示すると認識することがあります。

生成AIは日本語で知らなくても、英語で理解できるケースがあるため、英語表記を試すと、よりスムーズにやり取りができることがあります。

それでも認識できない場合は、フレームワークの枠組み等の情報を与えると、先ほどのAISASのように理解が進むことがあります。

6

生成AIを活用した新規参入

141

5 フレームワークを活用するためのプロンプトの設計

●プロンプトの流れ

続いて、フレームワークを活用するための生成AIとのやりとりの基本的な流れを説明します。次の図のようになります。

図3　プロンプトの流れ

Ⅰ：生成AIに項目をリストアップさせる

ステップ1
まず、私の仕事の状況を説明するよ。

ステップ2
今回の目的・目標を伝えるよ。

ステップ3
今から、フレームワーク(3C)を使って、戦略立案をするよ。
私の仕事の内容の場合で、3Cの各枠組みにあった項目を教えてください。

ステップ4
その仕事の内容だと、3Cの各枠組みにあった項目はこうだよ。
それぞれの項目の情報を教えてください。

Ⅱ：項目の情報を生成AIに渡す

ステップ5
それぞれの項目の情報を言うよ。
＊＊＊＊＊＊＊＊＊＊

Ⅲ：生成AIが、3C分析の枠組みに各項目の情報をあてはめる
Ⅳ：3C分析の学習データに基づき、戦略を立案する

それぞれの項目の情報をありがとう。

ステップ6
各項目の情報を3Cにあてはめるよ。

ステップ7
3Cにあてはめて、大規模言語モデル(LLLM)の学習データを使って戦略を立案するよ。

6-2 ビジネスの方向性を考える（戦略的コンサル思考）フレームワーク活用

●プロンプトの設計（問題解決のための8項目）

　図3のように生成AIと情報のやり取りをします。このため、生成AIに1回の質問（プロンプト）だけをするのではなく、会話のようにやり取りを進めます。

　ステップ1～7は、次のプロンプト（実践パターン）の各ステップに対応しています。また、5章で説明した「問題解決のための8項目」を考慮してプロンプトを設計しています。

●問題解決のための8項目
①質問の背景と参考情報
②目的と目標
③現在の状況と課題
④既存の取り組みと結果
⑤期待する回答の形式と内容
⑥制約条件
⑦成功基準
⑧具体的な質問

具体的には、次のように対応します。

現在の私の仕事の内容（ビジネスの状況）として、以下の情報を与えます。
①質問の背景と参考情報
③現在の状況と課題
④既存の取り組みと結果

目標等として、次のように指示します。
②目的と目標
⑤期待する回答の形式と内容
⑥制約条件（以下を指示する）
・フレームワーク：3C分析を活用し、戦略を立案します。
・フレームワークの3C分析の各枠組み（自社、顧客、競合）について、私のビジネスの状況を踏まえ、3C分析に必要な項目の情報を教えてください。

また、⑧具体的な質問として、「戦略を分析し立案する」ことを指示します。さらに、⑦成功条件として、「戦略を分析し、立案するだけでなく、考えられるリスクや次のステップも提案」を指示します。

● プロンプトの設計（プロンプトの流れの宣言）

続いて、このプロンプトでは、生成AIとのやり取りを進めます。先の図のようにステップ1からステップ7の流れで進めます。プロンプトの冒頭では、ステップ1から7を順に進めて、生成AIとやり取りを行うことを宣言しています。

● プロンプトの動作の解説

プロンプトにビジネスの状況や目標を入力しても、生成AIが追加で質問してくる場合があります。その際は、プロンプトに記入した内容を適宜再入力してください。

次のプロンプトの流れでは、生成AIは、ステップ4を省略していますが、ステップ3の結果が画面に表示されているため、問題はありません。

3C分析の枠組みにおいて、生成AIは自社、顧客、競合それぞれについて異なる情報を要求します。これは、各枠組み横並びで比較するのではなく、戦略立案に役立つ最適な情報を大規模言語モデル（LLM）から取得しているためです。

生成AIの出力結果は、毎回、異なる可能性がありますが、プロンプトを繰り返し実行することで、男性用化粧品の3C分析に必要な項目や重要な要素についての傾向が見えてきます。読者の皆さんも、自分の製品分野で何度も試してみると何が重要かを把握することができます。

それでは、生成AIとのやり取り（プロンプトと出力結果）は以下のようになります。

● プロンプト（実践パターン）

#このプロンプトでは、3C分析フレームワークを用いて戦略立案を行います。

#プロンプトの進め方の宣言
以下の手順に従って、あなた（生成AI）と私でプロンプトと回答のやり取りを行います。

6-2 ビジネスの方向性を考える（戦略的コンサル思考）フレームワーク活用

このプロンプトでは、3C分析フレームワークを用いて戦略立案を行います。
以下の手順に従って、あなた（生成AI）と私でプロンプトと回答のやり取りを行います。

ステップ3で、私があなた（生成AI）に情報を提供したら、ステップ4に進みます。
この流れを理解しましたか。
この流れを理解したかどうか、理解したら「理解しました」と返事をしてください。
「それでは進めます。」と私が返事をしたら進めます。
なお、質問への回答は、各ステップを明示してください。

#それでは各ステップを説明します。

ステップ1：質問の背景と参考情報の提供
私のビジネスの状況をあなた（生成AI）に伝えます。ビジネスの状況は、以下のとおりです。

現在の状況と課題：
　製品：男性用化粧品
　売上：海外市場で5億円、国内市場は初参入
　顧客層：20代、30代男性
　競合状況：日本国内の既存の男性用化粧品メーカ
　マーケットシェア：これから開拓する。これから日本市場に参入する。販売
　チャンネルの開拓が課題

既存の取り組みと結果：日本市場の調査。ニーズあり。

ステップ2：目的・目標の設定
私からあなた（生成AI）に目的・目標の指示を伝えます。目的と目標は、日本市場への参入のための戦略を立案することです。
成功基準は、具体的な戦略を示し、考えられるリスクや次のステップも提案してください。

ステップ3：フレームワークの提示と必要な情報の要求
続いて、私は、今回使用するフレームワークとして3C分析を用いて、戦略を立案します。あなた（生成AI）は、私のビジネスの状況を踏まえ、3C分析に必要な項目情報を教えてください。
項目情報とは、3C（自社、顧客、競合）についての3C分析を進めるために最適な情報の種類のことです。
あなた（生成AI）は、私に実例を踏まえ、よく考えて項目情報を具体的に提案してください。

ステップ4：項目情報の明示
あなた（生成AI）は、提案した項目情報を明示し、それについてあなた（生成AI）は、提案した項目情報について、私に項目情報の値、具体的なデータや情報を要求してください。

ステップ5：項目情報の提供
私は、あなた（生成AI）に項目情報の値、具体的な情報・データを提供するので、回答をお待ちください。

ステップ6：フレームワークへの値の当てはめる
あなた（生成AI）は、私が提供した具体的な値を3C分析フレームワークに当てはめます。

ステップ7：戦略の分析・立案
あなた（生成AI）は、値の入ったフレームワークに基づき、戦略を分析し、立案します。

●出力結果

 理解しました。それでは進めます。

6-2 ビジネスの方向性を考える（戦略的コンサル思考）フレームワーク活用

● プロンプト

それでは進めます。

● 出力結果

ステップ1から始めます。
まず、あなたのビジネスの状況と課題について、以下の情報を確認しました。

製品：男性用化粧品
売上：海外市場で5億円、国内市場は初参入
顧客層：20代、30代男性
競合状況：日本国内の既存の男性用化粧品メーカー
マーケットシェア：これから開拓
課題：日本市場への参入と販売チャンネルの開拓
既存の取り組み：日本市場の調査、ニーズ確認済み

この情報をもとにステップ2に進みましょう。目的と目標を設定してください。

● プロンプト

目的と目標は、日本市場への参入のための戦略を立案することです。成功基準は、戦略を具体的に示し、考えられるリスクや次のステップも提案してください。

● 出力結果

ステップ3に進みます。

日本市場への参入戦略を立案するために、3C分析フレームワークを用いて進めていきます。3C分析では、以下の3つの要素に対して、具体的な情報を収集し、分析します。

Company（自社）：自社の強みや弱み、資源、戦略等
Customer（顧客）：顧客のニーズ、セグメンテーション、ターゲット市場等
Competitor（競合）：競合企業の戦略、強み、弱み、市場シェア等

以下に、それぞれの項目で必要となる具体的な情報を提案します。

Company（自社）
自社の強みと弱み：日本市場における自社の競争優位性、資源、技術力
製品の特長とUSP（Unique Selling Proposition）：自社製品の独自性や他社製品との差別化ポイント
マーケティングと販売戦略：既存のマーケティング施策とその効果、販路開拓の計画

Customer（顧客）
顧客セグメンテーション：ターゲットとする20代、30代男性の購買動機、ライフスタイル
ニーズと要求：日本市場の消費者が化粧品に求める機能や品質、価格帯
購買プロセス：消費者がどのようにして製品を選び、購入に至るか

Competitor（競合）
競合企業の市場シェアと位置づけ：国内の主要競合企業のシェア、価格戦略
競合製品の特長と弱み：競合の製品ラインナップ、価格設定、製品の弱点
競合のマーケティング戦略：競合がどのようなプロモーションや販売戦略を採用しているか

これらの情報を基に、戦略立案を進めていきます。それぞれの項目に必要な情報やデータがあれば、ご提供をお願いします。

●プロンプト

 ステップ5として、項目情報の提供をします。

Company（自社）
自社の強みと弱み：日本市場における自社の競争優位性、資源、技術力
Ans：天然素材を使いつつ、低コストにできることです。グローバルな調達体制により、天然素材を低コストで調達できることが強みです。

製品の特長とUSP（Unique Selling Proposition）：自社製品の独自性や他社製品との差別化ポイント
Ans：天然素材を使っている点。

マーケティングと販売戦略：既存のマーケティング施策とその効果、販路開拓の計画
Ans：既存のマーケティング施策はなし。これから開拓する。大手スーパーマーケットチェーンへのアプローチを検討。

Customer（顧客）
顧客セグメンテーション：ターゲットとする20代、30代男性の購買動機、ライフスタイル
Ans：ワークライフバランスを重視し、仕事だけでなく、プライベートも重視する方です。必要なものにはお金をかける。

ニーズと要求：日本市場の消費者が化粧品に求める機能や品質、価格帯
Ans：本物志向、身体に良い製品を求める。高級ブランドではなくても質の良いものを求める。

購買プロセス：消費者がどのようにして製品を選び、購入に至るか
Ans：ネットからの情報。インフルエンサー等のSNSでの情報。

Competitor（競合）
競合企業の市場シェアと位置づけ：国内の主要競合企業のシェア、価格戦略
Ans：国内の化粧品メーカで、市場の90％以上。海外分の10％は高級ブランド。

競合製品の特長と弱み：競合の製品ラインナップ、価格設定、製品の弱点
Ans：製品ラインナップは、コスト重視で天然素材を使用していない。価格はユーザに買いやすい価格帯。

競合のマーケティング戦略：競合がどのようなプロモーションや販売戦略を採用しているか
Ans：自社の女性用化粧品とのタイアップによるイメージ戦略。人気のアイドル（男女）をCMに起用。

●出力結果

ステップ6に進みます。
提供された情報を3C分析フレームワークに当てはめていきます。

1.Company（自社）
強みと弱み：
強み：グローバルな調達体制により、天然素材を低コストで調達できる競争優位性。
弱み：日本市場でのブランド認知度が低く、既存のマーケティング施策がない。

製品の特長とUSP：
特長：天然素材を使用していることが差別化ポイント。
マーケティングと販売戦略：
現状：既存のマーケティング施策がないが、大手スーパーマーケットチェーンへのアプローチを検討。

2.Customer（顧客）
顧客セグメンテーション：
ターゲット層：ワークライフバランスを重視し、プライベートも大切にする20代、30代男性。

ニーズと要求：
ニーズ：本物志向で身体に良い製品を求めており、質の良い製品を適正価格で購入したいと考えている。

購買プロセス：
プロセス：ネットやSNS、インフルエンサーの情報を参考にして製品を選び購入する。

3.Competitor（競合）
競合企業の市場シェアと位置づけ：
市場シェア：国内の化粧品メーカーが90％以上のシェアを占め、海外製品は高級ブランドが中心でシェアは10％。

競合製品の特長と弱み：

特長：競合製品はコスト重視で、天然素材を使用していないが、買いやすい価格帯。

弱み：天然素材に関する付加価値が少ない。

競合のマーケティング戦略：

戦略：自社の女性用化粧品とタイアップし、人気アイドルを起用したイメージ戦略を展開。

次にステップ7で、これらの情報を基に戦略を分析し、立案します。

ステップ7として、日本市場への参入戦略を分析し、立案します。

戦略分析と立案

1.Company（自社）

強みを活かした戦略：

天然素材と低コストの訴求：日本市場では本物志向で質の良い製品を求める消費者が多いことから、天然素材を使いながらも低価格を実現できる点を強調することが有効です。この点をメインにしたプロモーション戦略を立てるべきです。

課題の克服：

ブランド認知度の向上：国内でのブランド認知度が低いため、まずはマーケティング施策を強化し、ターゲット層に対する認知度を高めることが重要です。具体的には、インフルエンサーを活用したSNSキャンペーンや、ターゲット層が集まりやすいイベントへの参加が考えられます。

2.Customer（顧客）

顧客ニーズに対応する製品展開：

天然素材の価値を伝える：ターゲット層が身体に良い製品を求めていることから、天然素材を使った製品が彼らのライフスタイルに合っていることを明確に伝えることが重要です。製品の安全性や品質に関する情報を積極的に発信することで、顧客の信頼を得ることができます。

購買プロセスに対応したマーケティング：
デジタルマーケティングの強化：ネットやSNSで情報を集める消費者が多いため、これらのチャネルを活用したマーケティングが有効です。特に、インフルエンサーとのコラボレーションや、SEO対策を強化することで、ブランド認知度を高めることができます。

3.Competitor（競合）
競合との差別化：
天然素材とコストのバランス：国内の競合は天然素材を使っていないため、ここで明確に差別化を図ることが可能です。また、競合がコスト重視の製品を提供しているため、低コストでありながらも高品質な製品を提供することで、価格に敏感な消費者層を取り込むことが期待できます。

マーケティング戦略の差別化：
ストーリーテリングの活用：競合がアイドルを起用したイメージ戦略を展開している一方で、自社は商品の背景にあるストーリーや、天然素材の由来・生産プロセス等を強調することで、独自性を打ち出すことができます。

考えられるリスクと次のステップ
リスク：日本市場での認知度向上が期待通りに進まない場合、販売不振に陥るリスクがあります。また、競合の反応によっては、価格競争が激化する可能性もあります。
次のステップ：市場調査をさらに細かく行い、ターゲット層の具体的な嗜好や消費行動を把握することが必要です。これに基づき、マーケティング施策やプロモーションを迅速に調整・実施し、適宜戦略を見直す柔軟性を持つことが重要です。

この戦略を参考にして、日本市場への参入を進める際の具体的なアクションプランを作成ことができます。

　上記のように、生成AIを用いて、戦略を立案することができました。

6-2　ビジネスの方向性を考える（戦略的コンサル思考）フレームワーク活用

※その他のフレームワークについて

以下、ビジネス上に重要なフレームワークを紹介します。

先ほど述べましたように、それぞれのフレームワークの活用において重要なのは、各枠組みにどのような項目の情報を集めるかということです。

それぞれの事例におきましては、紙面の都合より、フレームワークの紹介、および、各枠組みの項目を生成AIで確認した例等としております。

3C分析のように、すべての情報を与えることで、深い分析をすることができます。皆様の製品・サービス分野での活用する場合にも、深い分析ができると思いますので、活用する場合は、3Cの事例のようにされることをおすすめします。

6　ビジネス環境の分析（5F分析）

以下、紙面の都合により、ポイントのみを解説します。

●目的

●5F分析とは

マイケル・E・ポーターが提唱した「5つの競争要因（Five Forces）」を用いて、業界の競争環境を分析するフレームワークです。メリットは、業界構造を包括的に理解でき、競争の激しさや収益性の見通しを立てやすくなることです。自社の競争優位性を構築するための戦略立案に役立ちます。

・5つの競争要因（Five Forces）
① Competitive rivalry（業界内の競合）
② Threat of new entrants（新規参入の脅威）
③ Threat of substitute products（代替品の脅威）
④ Bargaining power of suppliers（売り手の交渉力）
⑤ Bargaining power of buyers（買い手の交渉力）

153

●プロンプト

　基本的には、3Cのときと同じ構成のプロンプトを用います。

　5F分析は、ビジネス環境の情報を整理するフレームワークなので、質問の背景や、目的、目標はなくても良いのではないかという考え方もあるかもしれません。しかしながら、情報を収集、整理する目的は、戦略立案、アクションの策定です。このため、詳しい情報を生成AIに与え、また、該当ビジネス分野、製品における戦略策定に必要な情報の項目を生成AIに出力させ、その項目について、5F分析の各要素に整理し、分析することで良い戦略を策定することができます。

 必要な情報の要求

男性用化粧品の日本市場に参入します。

フレームワーク：5Fを使用するのに必要な項目の情報を教えてください。
実例を踏まえ、よく考えて具体的に提案してください。

フレームワーク：5F（5つの競争要因（Five Forces））　※なくても構いません
①Competitive rivalry（業界内の競合）
②Threat of new entrants（新規参入の脅威）
③Threat of substitute products（代替品の脅威）
④Bargaining power of suppliers（売り手の交渉力）
⑤Bargaining power of buyers（買い手の交渉力）

●解説

　それぞれの競争要因について、男性用化粧品の分野における必要な項目を列挙しています。業界にいれば、思いつくのかもしれませんが、たたき台を一瞬で提示してくれるのとても役立ちます。

●出力結果の例

日本市場に男性用化粧品で参入する際、5つの競争要因（5F）フレームワークを用いて分析するためには、各項目に関する具体的な情報を集め、評価する必要があります。以下に、各要因について必要な情報と考慮すべきポイントを示します。

1.業界内の競合（Competitive rivalry）
市場規模と成長率：男性用化粧品市場の現在の規模と過去数年間の成長率。
主要競合他社の特定：市場シェアを持つ主要な競合他社とその製品ライン。
競争の強度：価格競争、製品差別化、広告宣伝活動などの競争手段。
市場シェアの分布：市場の主要プレイヤーがどの程度のシェアを持っているか。

2.新規参入の脅威（Threat of new entrants）
参入障壁：規制、特許、ブランド認知度、資本要件、流通チャネルのアクセス。
既存企業の優位性：エコノミーオブスケール、既存顧客基盤、強力なブランド。
新規参入コスト：新しいブランドを立ち上げるためのマーケティング費用や研究開発費用。
市場の魅力：高い利益率や成長可能性が新規参入を引き寄せるか。

3.代替品の脅威（Threat of substitute products）
代替品の特定：男性用化粧品に対する他のグルーミング製品（電気シェーバー、スキンケアガジェットなど）。
代替品の性能と価格：代替品が提供する価値、価格帯、使用方法。
消費者の受容性：消費者が代替品にどの程度移行する可能性があるか。
市場トレンド：自然派製品やオーガニック製品の需要増加などの消費者動向。

4.売り手の交渉力（Bargaining power of suppliers）
供給業者の集中度：主要な原材料や成分の供給業者の数とその市場支配力。
原材料コストの変動：原材料価格の変動とその影響。
供給業者の交渉力：原材料の品質、独自性、供給業者のブランド力。
代替供給源の存在：他の供給業者からの調達の可能性と容易さ。

5.買い手の交渉力（Bargaining power of buyers）
消費者の集中度：男性用化粧品の主要消費者層とその集中度。
製品の差別化：製品のブランド力、品質、機能による差別化。

価格感度：消費者の価格に対する感度と代替製品への移行の可能性。
購買力の影響：大口顧客や小売チェーンの購買力。

実例を踏まえた提案。
具体的な市場調査と戦略立案。

業界内の競合
日本の男性用化粧品市場には資生堂、カネボウ、ポーラ・オルビスなどの大手が存在します。これらの企業は強力なブランド力と広範な流通ネットワークを持ち、広告宣伝活動にも多額の投資を行っています。例えば、資生堂の「ウーノ」ブランドは広範な製品ラインナップと強力なマーケティングで市場シェアを獲得しています。

新規参入の脅威
新規参入の障壁として、ブランド認知度の欠如、初期投資の高さ、既存の強力なブランドとの競争が挙げられます。例えば、メンズビオレのような成功事例では、ユニークな製品特徴と効果的なマーケティング戦略が成功要因となりました。

代替品の脅威
電動シェーバーやメンズスキンケアガジェットなどが代替品となり得ます。これらは技術革新によって魅力を高めており、特に若年層の消費者に人気です。例えば、フィリップスの電動シェーバーは高機能でデザインも良く、若者に受け入れられています。

売り手の交渉力
主要な成分供給業者としては、大手化学メーカや天然成分を供給する専門業者が存在します。例えば、ナチュラルオイルや植物エキスなどは特定の供給業者に依存することが多く、価格交渉力が強いです。

買い手の交渉力
消費者は価格に敏感であり、特に若年層の消費者は価格に対する感度が高いです。例えば、男性用化粧品のサブスクリプションサービスは、消費者の購買力を高めるための戦略として成功しています。

これらの情報を基に、参入戦略を具体化し、競争優位性を築くための詳細な計画を立てることが重要です。

7 ビジネス環境の分析（SWOT分析）

SWOT分析を通じて企業の内部と外部の環境を包括的に理解し、競争力を高めるための戦略を立てることができます。

●目的

> ●SWOT分析
> SWOT分析は、企業の戦略立案において用いられるフレームワークです。企業の内部環境（強み・弱み）と外部環境（機会・脅威）を分析するフレームワークです。
> メリットは、自社の現状を客観的に把握でき、戦略立案の基礎となる情報を整理できることです。また、チーム内でのディスカッションツールとしても有効で、多角的な視点からの分析が可能になります。
>
> SWOTは以下の4つの要素の頭文字を取ったものです：
>
> ①Strengths（強み）：企業が持つ競争優位性や内部資源など、他社に対して有利に働く要素。
> ②Weaknesses（弱み）：企業の競争劣位や内部的な問題点など、他社に対して不利に働く要素。
> ③Opportunities（機会）：市場の成長やトレンドなど、外部環境がもたらす企業にとって有利な要素。
> ④Threats（脅威）：競争の激化や経済環境の変化など、外部環境がもたらす企業にとって不利な要素。

●プロンプト

 必要な情報の要求

> 男性用化粧品の日本市場に参入します。
> フレームワーク：SWOT分析を用い、企業の内部と外部の環境を包括的に理解し、競争力を高めるための戦略を立てたい。
> SWOT分析の事例を示してください。
> 実例を踏まえ、よく考えて具体的に提案してください。

SWOTの4つの要素
①Strengths（強み）
②Weaknesses（弱み）
③Opportunities（機会）
④Threats（脅威）

●解説
　生成AIは、SWOT分析を行う際に必要な情報を大規模言語モデル（LLM）から収集し、具体的な例を提案してくれます。

●出力結果
　生成結果は一部を省略します。

 SWOT分析を用いて、男性用化粧品市場に新規参入する企業の戦略を立てるための事例を示します。

1　内部環境の分析
Strengths（強み）
1.高品質な天然素材の使用：
・化粧品に使用する原料がすべて天然素材であり、品質が非常に高い。
・化学物質を避けたい顧客層にアピールできる。

2.価格競争力：
・効率的な生産プロセスによりコストを抑え、競争力のある価格設定が可能。
・ミドル層をターゲットとしたリーズナブルな価格帯。

3.研究開発能力：
・独自の成分配合や技術開発により、差別化された製品を提供できる。
・他社にはない革新的な製品ラインを展開。

Weaknesses（弱み）
1.ブランド認知度の低さ：
・新規参入のため、消費者の認知度が低い。
・信頼性やブランド価値の構築が必要。

6-2 ビジネスの方向性を考える（戦略的コンサル思考）フレームワーク活用

2.マーケティングリソースの不足：
・広告やプロモーションにかける予算や人材が不足している。
・効果的なマーケティング戦略の実行が難しい。

3.流通チャネルの未整備：
・流通ネットワークが未整備で、販売チャネルが限られている。
・顧客へのアクセスが不十分。

2　外部環境の分析

Opportunities（機会）

（以下、中略）

Threats（脅威）

（以下、中略）

戦略立案
1.市場への認知度向上
・マーケティングキャンペーン：
・SNSやインフルエンサーを活用し、製品の認知度を高める。
・天然素材の使用や製品の効果を強調するコンテンツを制作。

・プロモーションイベント：
・実店舗やオンラインイベントを開催し、実際に製品を体験してもらう機会を提供。

2.ブランド価値の構築
・ストーリーテリング：
・天然素材の由来や製品の開発ストーリーを発信。
・ブランドの信頼性と価値を高める。

・品質保証：
・高品質であることを証明するための認証取得。
・消費者の信頼を獲得。

(以下、中略)

このように、SWOT分析を通じて内部と外部の環境を総合的に評価し、自社の強みを活かし、弱みを克服しながら、機会を最大限に活用し、脅威に対応するための具体的な戦略を立てることができます。

8 ビジネス環境の分析（PEST分析）

●目的

続いて、市場参入に向け、PEST分析により、外部環境分析を行います。マクロ環境分析ともいい、自社でコントロールできない外部環境を分析し、戦略立案の参考にします。

> ●PEST分析
> PESTは、Politics（政治）、Economy（経済）、Society（社会）、Technology（技術）の頭文字を取った略語です。
> PEST分析とは、ビジネス環境の外部要因を包括的に分析するためのフレームワークです。政治、経済、社会、技術の4つの視点から市場動向を捉え、自社への影響を評価します。メリットは、マクロ環境の変化を体系的に把握でき、潜在的な機会やリスクを特定しやすくなることです。また、長期的な戦略立案に役立ち、環境変化への適応力を高めます。

●プロンプト①

PESTの枠組みは、ビジネスの教科書のフレームワークのところに書かれています。しかしながら、どんなところに視点を置いたらよいのかは、それぞれのビジネスの内容によります。そこで、生成AIに化粧品市場の場合、どのような情報を集めたら良いか、確認します。

●プロンプト

男性用化粧品市場に日本で参入するために、PEST分析を用いて参入方針を策定したいと考えています。
PEST分析の各項目（政治、経済、社会、技術）について、重要事項を具体的に列挙してください。それぞれの項目について、実例を踏まえ、よく考えて具体的に提案してください。

6-2　ビジネスの方向性を考える（戦略的コンサル思考）フレームワーク活用

> さらに、上記の分析に基づいて、日本市場への参入方針を策定してください。
> 参入方針については、具体的なケーススタディを交えながら、詳細に解説をお願いします。

●解説

「実例を踏まえ、よく考えて具体的に提案してください。」「具体的なケーススタディを交えながら、詳細に解説をお願いします。」が効果的にはたらいて多くの情報を得ることができます。

再出力「Regenerate」を繰り返すことで、他の参入方針も得ることができます。

●出力結果

PEST分析：日本市場における男性用化粧品

1. 政治（Political）
規制と法律：化粧品の製造、販売に関する日本の規制は厳しく、製品の安全性、成分表示、広告表示に関する厳格な基準があります。これに従わなければ製品の販売が許可されないため、参入前に詳細な法規制の理解が必要です。
実例：資生堂は新製品を投入する際、事前に厳格な法規制をクリアするためのテストを徹底して行っています。

関税と貿易政策：海外からの成分や製品の輸入に関する関税や貿易政策が、コストに影響を与える可能性があります。
実例：ロレアルは日本市場に参入する際、関税と輸送コストを考慮して、日本国内での生産を一部行うことを決定しました。

環境規制：日本は環境保護に関する規制が厳しく、環境に優しい製品やパッケージングが求められます。
実例：LUSHは環境に配慮したパッケージングと製品を提供することで、日本市場での成功を収めました。

2. 経済（Economic）
消費者の購買力：日本は経済的に安定しており、消費者の購買力が高いです。特に若年層と中年層の男性はグルーミングにお金をかける傾向があります。

実例：資生堂の調査によると、20代から40代の男性はスキンケアやヘアケアに対して高い支出をしています。

経済成長率：日本の経済成長率は比較的低いですが、安定しており、消費者の支出パターンも比較的一定です。
実例：ポーラ・オルビスは安定した経済環境を背景に、中長期的なマーケティング戦略を立てています。

インフレ率：日本は低インフレ率を維持しており、価格の変動が少ないため、長期的な価格戦略を立てやすいです。
実例：メンソレータムの価格設定は長期的に安定しており、消費者の信頼を得ています。

（以下、中略）

日本市場への参入方針
方針1：高品質で環境に配慮した製品の提供
環境に配慮した製品ライン：パッケージングや成分において環境に配慮した製品を開発し、エコフレンドリーなブランドイメージを構築。
実例：LUSHは環境に配慮した製品を提供することで、日本市場で強いブランドイメージを確立しています。

（以下、中略）

ケーススタディ：LUSHの日本市場参入
LUSHは、環境に配慮したパッケージングと自然由来の成分を使用した製品で、日本市場で成功を収めています。LUSHは、若年層をターゲットにし、店舗での体験を重視し、デジタルマーケティングを駆使してブランド認知度を高めました。これにより、競争の激しい日本市場で強いポジションを確立しています。

このように、PEST分析を基に戦略を立てることで、競争の激しい日本の男性用化粧品市場で成功するための明確な方針を策定することができます。

Section 3 ビジネスの方向性を考える（戦略的コンサル思考）ビジネス理論・コンセプト

1 価格設定戦略（マイケル・E・ポーターの競争戦略）

●目的

マイケル・E・ポーターの競争戦略もメジャーなフレームワークです。

> ●マイケル・E・ポーターの競争戦略
> マイケル・E・ポーターの競争戦略は著書『競争優位の戦略（Competitive advantage）』で、企業が競争優位を確立するための枠組みを提供します。主に以下の3つの基本戦略に焦点を当てています。メリットは、明確な戦略的方向性を示せることです。また、自社の強みと市場ポジションに基づいた効果的な戦略選択が可能になります。

以下の3つの視点で、競争戦略を立案します。

・コスト・リーダーシップ戦略（Cost Leadership）
　効率的な生産と運営により、最低コストの製品やサービスを提供する。
・差別化戦略（Differentiation）
　独自の特徴や価値を持つ製品やサービスを提供し、高い価格設定を可能にする。
・集中戦略（Focus）
　特定の市場セグメントやニッチに焦点を当て、そこでコスト・リーダーシップ戦略や差別化を追求する。

ポーターは、これらの戦略のうち1つに集中することが重要だと主張しています。

●プロンプト

マイケル・E・ポーターの競争戦略に基づいて、男性用化粧品市場への新規参入戦略を立案してください。特に、コスト・リーダーシップ戦略を検討する際に考慮すべき点について解説してください。

背景情報と考慮すべき点：
男性用化粧品市場は高級志向の製品が主流ですが、新規参入企業として価格競争力を持つ必要があります。
コスト・リーダーシップ戦略の採用が適切か否かを評価し、その戦略が成功するための条件やリスクについて考察してください。

●解説

競争戦略としてメジャーなだけに、分析結果もしっかりとしたものが得られていると思います。

コスト・リーダーシップ戦略の是非について評価し、成功のための条件やリスクについて考察するよう促しています。これにより、単なる戦略提案にとどまらず、戦略の実行可能性や長期的な影響を深く掘り下げることが可能です。

●出力結果

マイケル・E・ポーターの競争戦略に基づいて、男性用化粧品市場への新規参入戦略を立案し、コスト・リーダーシップ戦略の採用について考察します。

戦略立案

1.背景情報と市場分析
男性用化粧品市場は高級志向の製品が主流であり、一部の消費者はブランドイメージや品質に重きを置いています。しかし、新規参入企業が価格競争力を持つことが成功の鍵となります。この背景を踏まえて、以下の戦略を提案します。

2.提案する戦略
コスト・リーダーシップ戦略の検討
目標：市場において、高品質ながら競争力のある価格で男性用化粧品を提供することを目指します。
具体的な戦略要素：製造および調達の効率化：原材料の選定と調達を効率化し、コストを抑えます。また、製造プロセスの最適化により生産コストを低減します。
供給チェーンの最適化：物流と配送の効率化を図り、在庫コストを削減します。また、供給者との長期的なパートナーシップを築くことでコストを抑える戦略を構築します。

価格設定の戦略：市場調査を基に、消費者の価値感と競合他社の価格戦略を考慮し、競争力のある価格を設定します。価格戦略は市場参入後も柔軟に調整可能であることが重要です。

3.考慮すべき点とリスク
考慮すべき点：
品質の維持：高品質を保ちながら低価格を実現するために、品質管理に対する投資が必要です。消費者は安価ながら効果のある製品を求めており、品質には妥協できません。
ブランドイメージの構築：コスト・リーダーシップ戦略を取ることで、ブランドが低価格に関連付けられるリスクがあります。これを避けるために、価値提案やブランディング戦略に力を入れる必要があります。
市場の反応と競合対策：競争激化や競合他社の反応を予測し、迅速に対応する柔軟性が求められます。市場での定位と差別化が成功の鍵となります。

リスク：
利益率の低下：高い競争力を持つために価格を下げることが必要な場合、利益率が低下するリスクがあります。効率的なコスト管理と収益性のバランスが重要です。
市場参入の障壁：高級志向の市場で価格競争に挑むことは、市場参入の障壁が高いことを意味します。ブランド認知度の低さや市場の反応に対処する計画が必要です。

結論
コスト・リーダーシップ戦略は男性用化粧品市場への新規参入において1つの有力な選択肢ですが、その実行には慎重な計画と柔軟な戦略調整が不可欠です。市場の特性や消費者の期待を考慮し、独自性を保ちながら価格競争力を確保することが成功のカギとなります。

2 既存企業の戦略を予想（ゲーム理論の活用）

さて、このように化粧品というのは、必ずしも安ければ良いというものではありません。生成AIもそのように出力しています。もちろん、その元となる学習データがあるということを示しています。

さらには、コスト・リーダーシップ戦略では、他社の追従によって過当競争となり、利益を圧迫することが考えられます。そこで、ゲーム理論によって、他社の動向を予想します。

●ゲーム理論

ゲーム理論とは、1944年にジョン・フォン・ノイマンとオスカー・モルゲンシュテルン（John Von Neumann 、Oskar Morgenstern）によって著書「Theory of Games and Economic Behavior」で体系化された数学的理論です。

この理論は、複数の意思決定者（プレイヤー）が相互に影響し合う状況における判断は、ビジネスにおける判断も、ゲームにおける判断も、お互いの行動に影響され、また、行動を予測し、戦略を立案するという点で同様であるとの考え方に基づく理論です。このような状況での、合理的な意思決定に関する理論です。

メリットは、競合の動きを考慮した戦略立案が可能になること。また、様々なシナリオを想定し、より柔軟な戦略対応を準備できます。

●主な特徴
- 戦略的思考：各プレイヤーの行動が他者の行動に依存する状況を扱う。
- 数学的モデル化：意思決定プロセスを数式で表現。
- 均衡概念：ナッシュ均衡など、プレイヤーの最適戦略を定義。
- 応用範囲：経済学、政治学、生物学、心理学など多岐にわたる。
- 期待効用理論：不確実性下での意思決定モデルを提供。

この理論は、競争や協力の分析、交渉戦略の立案、公共政策の設計など、様々な分野で応用されています。

●目的

ゲーム理論により、コスト・リーダーシップ戦略を取ったときの既存企業の戦略を予想します。

6-3 ビジネスの方向性を考える（戦略的コンサル思考）ビジネス理論・コンセプト

●プロンプト

　新規参入として、当社が男性用化粧品市場に参入した場合、コスト・リーダーシップ戦略を採用する可能性があります。この戦略が採用された場合、既存の競合メーカの中で、同様にミドル層を対象とした製品（高級志向ではない）を提供しているメーカも同じコスト・リーダーシップ戦略を選択するでしょうか。
　その場合、過当競争の懸念が生じます。競合メーカがコスト・リーダーシップ戦略にどのように対応するか、ゲーム理論の観点から考察してください。具体的に、競合メーカが取りうる戦略的対応やその戦略がもたらす可能性のある結果について述べてください。

●解説

　競合メーカの反応を考察するため、ゲーム理論を用いています。これにより、戦略的な対応の予測と分析が求められる場面での情報を得ることができます。このプロンプトでは、ゲーム理論の観点から競合メーカの反応を考察するよう促しています。このアプローチにより、競争メーカが取りうる戦略的対応やその結果について予測し、戦略立案の深化を図ることができます。

　プロンプトで、過当競争の懸念を明確に示し、生成AIを用い、新規参入企業と既存企業が同じ戦略を取った場合の競争状況に対するリスクを明確に提示し、戦略的な洞察を求めています。

　今回、生成AIの出力結果によれば、競合メーカーが「差別化戦略の採用：製品の品質や顧客サービスで差別化を図り、価格競争から脱却する」という可能性が示されました。

●出力結果

　コスト・リーダーシップ戦略と競合の対応

コスト・リーダーシップ戦略の採用
当社が男性用化粧品市場に参入する際にコスト・リーダーシップ戦略を採用する場合、同様のミドル層をターゲットにしている既存の競合メーカも同じ戦略を選択する可能性があります。この戦略は、製品の価格を競争力のある低価格に設定し、コストを最小限に抑えることで市場シェアを拡大することを目指します。

過当競争の懸念
競合メーカもコスト・リーダーシップ戦略を選択すると、市場での価格競争が激化し、過当競争が生じる可能性があります。これにより、各企業の利益率が低下し、長期的な市場の健全性に悪影響を及ぼす恐れがあります。

ゲーム理論の観点からの考察
1.囚人のジレンマ
競合メーカがコスト・リーダーシップ戦略にどのように対応するかを考える際に、ゲーム理論の「囚人のジレンマ」が参考になります。囚人のジレンマでは、各プレイヤー（企業）が自身の利益を最大化しようとすると、最終的には全員が不利益を被る結果になります。

戦略的選択肢:
価格を下げる：当社が価格を下げると、競合も価格を下げる可能性が高い。
価格を維持する：競合が価格を下げた場合、当社が価格を維持すると市場シェアを失う可能性がある。

他の差別化要素を強化する：価格競争以外の要素（品質、サービス、ブランド）で差別化を図る。

2.ナッシュ均衡
ナッシュ均衡の観点から見ると、各企業が最適な戦略を選択する場合、最終的には全企業が価格を下げて低利益率の状態に陥る可能性があります。

均衡戦略:
両社が価格を下げ続けると、最終的に利益が減少。
一方の企業が価格を維持し、他方が価格を下げると、市場シェアの再分配が起こる。

競合メーカの戦略的対応とその結果
1.価格競争の激化
競合メーカも価格を下げてコスト・リーダーシップ戦略を採用する可能性が高いです。これにより、短期的には消費者が恩恵を受けるものの、長期的には以下の結果が生じる可能性があります。

利益率の低下：企業全体の利益率が低下し、持続可能なビジネスモデルが難しくなる。

市場の縮小：利益の減少により、新規投資や研究開発が停滞し、製品の質や多様性が減少する。

2.差別化戦略の採用

一部の競合メーカは、コスト競争に巻き込まれるのを避けるため、差別化戦略を採用することも考えられます。

高品質製品の提供：製品の品質を高め、ブランドイメージを強化する。

結果：消費者の忠誠心が高まり、価格に敏感でない消費者層をターゲットにできる。

顧客サービスの向上：付加価値のあるサービスを提供し、価格競争から脱却する。

結果：差別化に成功した場合、価格競争を避けつつ高利益率を維持できる。

3.合併や提携

競争の激化により、企業間での合併や提携が進む可能性があります。

規模の経済の追求：合併や提携により、コストを削減し、競争力を高める。

結果：市場の集中化が進み、少数の大企業が市場を支配する可能性がある。

まとめ

コスト・リーダーシップ戦略を採用する場合、競合メーカも同様の戦略を採用する可能性が高く、過当競争が懸念されます。ゲーム理論の観点から、各企業が最適な戦略を選択した場合、最終的には全企業が低利益率の状態に陥るリスクがあります。

競合メーカは価格競争に対応するために、以下のような戦略を採用する可能性があります。

価格競争の激化：短期的には消費者が恩恵を受けるが、長期的には市場の健全性が損なわれる。

差別化戦略の採用：製品の品質や顧客サービスで差別化を図り、価格競争から脱却する。

合併や提携：規模の経済を追求し、競争力を高める。

このような対応を予測し、当社も柔軟な戦略を構築することが重要です。

3 バリュープロポジション（顧客への提供価値）

●目的

　自社のマーケティングにおける「売り」をバリュープロポジションに着目し、生成AI
を活用します。各社の「売り」はカタログや記事等の様々な情報源に存在しています。生
成AIはそれらを広範に学習しているため、参考となる情報を引き出すことができます。

●バリュープロポジション

　「Value Proposition Design」アレックス・オスターワルダー他（Alexander
Osterwalder 他）で体系化し、広く普及させました。

　バリュープロポジションとは、「お客様にとってのウリ」のことです。企業が提供する
製品やサービスが、顧客にどんな価値や利点をもたらすかを説明するものです。これ
を理解すると、なぜその製品やサービスを選ぶべきかが明確になります。

・**バリュープロポジションの主な種類**
問題解決型／時間節約型／コスト削減型／感情訴求型

・**バリュープロポジションの重要要素**
対象顧客：誰のための製品・サービスか
解決する問題：どんな悩みや不便を解決するか
提供する価値：具体的にどんな利益があるか
独自性：他社と比べて何が特別か

　バリュープロポジションが明確になると、製品開発やマーケティングの方向性が定
まり、顧客にもわかりやすく伝えられます。結果として、顧客獲得や事業成功の可能性
が高まるのです。

　バリュープロポジションは、顧客視点に立った価値提案を通じて、ビジネスの成功
確率を高める重要なツールとして広く活用されています。

6-3 ビジネスの方向性を考える（戦略的コンサル思考）ビジネス理論・コンセプト

● プロンプト

 当社の男性用化粧品について、バリュープロポジション（Value Proposition）の考え方に基づき、お客様にとってのウリを明確にしたいと考えています。競合他社と比較して自社の優位性を考える上で、以下のポイントを参考に、具体的に提案してください。

バリュープロポジションの主な種類：
問題解決型：当社の製品がどのような問題を解決するか
時間節約型：当社の製品がどのように時間を節約できるか
コスト削減型：当社の製品がどのようにコストを削減できるか
感情訴求型：当社の製品がどのように顧客の感情に訴えるか

バリュープロポジションの重要要素：
対象顧客：誰のための製品・サービスか
解決する問題：どんな悩みや不便を解決するか
提供する価値：具体的にどんな利益があるか
独自性：他社と比べて何が特別か

具体的な提案：
各バリュープロポジションの種類に基づき、当社の男性用化粧品のウリを明確にしてください。
提案の際、競合他社と比較した際の自社の優位性を強調してください。
実際に成功しているブランドのケーススタディを踏まえて、具体的なアイデアを出してください。

● 解説

　以下に生成AIの出力結果を示しますが、非常によくできていると思います。これは生成AIが考えているわけではなく、生成AIの学習データが充実していることを表しています。

　要するに、化粧品のパンフレット、広告等を生成AIが学習しており、それに対し、「バリュープロポジション（Value Proposition）を明確にする」「実際に成功しているブランドのケーススタディを踏まえて、具体的なアイデアを出してください。」という指示により、各社の考える優位性に関する情報を一瞬で集めることができています。

●出力結果

男性用化粧品のバリュープロポジションを明確にし、競合他社と比較して自社の優位性を強調するために、以下のポイントに基づいて具体的な提案をします。

問題解決型
　対象顧客
　働き盛りの男性、特に忙しいビジネスマンやストレスが多い職業の男性。

　解決する問題
　肌の乾燥、シミ、疲れた外観。

　提供する価値
　当社の製品は天然成分を使用しており、肌の潤いを保ちつつ、シミやくすみを軽減します。また、ストレスによる肌荒れを防ぐ成分も含まれています。

　独自性
　他社製品と異なり、天然成分にこだわり、敏感肌にも安心して使用できる点が強みです。また、特許取得済みの成分がストレスによる肌トラブルを効果的に防ぎます。

　ケーススタディ
　Kiehl'sは、天然成分を使用したスキンケア製品で成功しています。特に男性用化粧品ラインでは、シンプルな使用感と効果が高く評価されています。当社も同様に、天然成分にフォーカスし、シンプルかつ効果的な製品を提供することが重要です。

（以下、中略）

　まとめ
　以上のバリュープロポジションの種類に基づき、当社の男性用化粧品のウリを明確にしました。これにより、競合他社と比較した際の自社の優位性を強調し、顧客に対して強力な価値を提供できるようになります。また、成功しているブランドのケーススタディを参考にすることで、具体的なアイデアを出す際の指針となります。

Section 4 社内のアイデアや計画をプレゼンする(企画書のプレゼン)

1 企画書と提案書の違い

　生成AIを使って企画書、提案書を作成するにあたり、本書で扱う企画書と提案書の違いを明確にします。

表1　企画書と提案書の違い

	英語表記	目的	内容
企画書	Project Plan / Project Proposal	新しいプロジェクトやアイデアの計画とその詳細を伝える	背景、目的、目標、手法、スケジュール、予算などの計画詳細
提案書	Business Proposal / Sales Proposal	特定のニーズや問題に対する解決策を提案し、採用や契約を獲得する	提案の内容、利点、コスト、実行方法などの詳細

- **企画書の目的と内容**

　企画書は、新しいプロジェクトやアイデアの実現に向けた計画を立案し、関係者にその計画の詳細を伝えることを目的とします。ここでは、プロジェクトの背景、目的、目標、手法、スケジュール、予算など、プロジェクトを進める上で必要な計画の情報を詳細に記述します。

- **提案書の目的と内容**

　提案書は、特定のニーズや問題に対する具体的な解決策を提示し、その提案が採用される、もしくは契約を獲得することを目的とします。提案書には、提案の具体的な内容、利点、コスト、実行方法など、提案を成功させるための要素が詳細に記述されます。

2 新製品の企画書作成（社内向け）

●目的
社内の稟議資料として、企画書を提出します。企画書に書くべき事項を確認します。

●プロンプト

男性用化粧品の新製品について、社内の役員向け - 稟議資料として、企画書を提出します。
企画書にはどのような情報を記入すればよいでしょうか。
実例を踏まえ、よく考えて具体的に提案してください。
あと、5つ実例を示してください。

●解説
　そもそも、どんな情報を集めるべきか悩む人もいると思います。まず、何を情報として集めればいいか確認します。そこで、「実例を踏まえ、よく考えて具体的に提案してください。」とプロンプトに加えることで、「実例」を示します。
　これが本当の実例かどうかは疑わしいですが、「あと、5つ実例を示してください。」と入力することで、他の実例も出力しますので、参考になります。

●出力結果
なお、ページ数の都合により「実例」の出力結果は割愛しています。

社内向けの男性用化粧品の新製品についての企画書は、役員に対して新製品の価値や戦略を明確に伝え、承認を得るために非常に重要です。以下に具体的な情報と構成を提案します。

1. 表紙
　・タイトル：男性用化粧品新製品企画書
　・作成者　：部署名、担当者名、連絡先
　・提出日　：日付
　・機密性　：内部資料、機密扱いなど

174

6-4 社内のアイデアや計画をプレゼンする（企画書のプレゼン）

2.目次
・各セクションとページ番号

3.企画の要約
・目的：新製品開発の目的と概要
・背景：市場の状況と機会
・提案の要点：製品の特徴、ターゲット市場、期待される成果

4.製品概要
・製品名　　　：正式名称
・製品特徴　　：主要な成分、機能、利点
・製品イメージ：パッケージデザインやプロトタイプの写真
・開発プロセス：開発スケジュールと現在の進捗状況

5.市場分析
・市場規模：男性用化粧品市場の現状と成長予測
・トレンド：消費者トレンド、業界の動向
・競合分析：主要な競合他社、競合製品の強みと弱み
・ターゲット市場：ターゲット顧客のプロファイル（年齢、職業、ライフスタイル）

6.製品の差別化
・差別化要因：新製品が競合製品とどのように異なるか
・ユニークセリングプロポジション（USP）：独自の価値提案

7.マーケティング戦略
・ブランドポジショニング：ブランドの位置づけとメッセージ
・プロモーション計画：広告戦略、プロモーション活動、デジタルマーケティング、インフルエンサーマーケティング
・販売チャネル：オンライン、オフライン、小売パートナー

8.販売予測と財務計画
・売上予測：初年度、3年間の見通し
・収益性分析：コスト構造、利益率、ROI
・予算計画：開発費用、マーケティング費用、運営費用

9.製品開発と製造計画
・開発スケジュール：主要なマイルストーンと期限
・製造プロセス：製造場所、品質管理体制
・サプライチェーン：原材料の調達、物流

10.リスク分析と対応策
・リスク要因：市場リスク、技術リスク、財務リスク
・リスク軽減策：それぞれのリスクに対する対応計画

11.組織とチーム
・プロジェクトチーム：メンバー、役割、責任
・関与する部門：各部門の役割と協力体制

12.期待する成果とKPI
・期待効果：売上、ブランド強化、顧客基盤拡大
・主要業績評価指標（KPI）：目標設定と評価方法

13.承認依頼
・必要な承認事項：予算、リソース、タイムラインなど
・具体的なアクション：承認後の次のステップ

14.質疑応答セクション
・質疑応答の準備：予想される質問と回答

15.付録
・追加資料：市場調査データ、顧客調査結果、詳細な財務分析
・参考文献：使用した資料やデータの出典

（以下、中略）

このような具体例を踏まえ、企画書を作成することで、役員に対して新製品の価値と成功の可能性を明確に伝えることができます。

3 新製品のプレゼン資料作成（社内向け）

●目的
社内の新製品の承認会議でプレゼンします。

●プロンプト

社内向けの男性用化粧品の新製品を役員にプレゼンします。
プレゼン資料の記載事項を示してください。
実例を踏まえ、よく考えて具体的に提案してください。
あと5つ実例を示してください。

●解説
　そもそも、どんな情報を集めるべきか悩む人もいると思います。
　まず、何を情報として集めればいいか確認します。
　競合分析等は、これまでに行った4P、4C分析、3C分析、5F分析などの結果を使用します。

　こちらも、「実例を踏まえ、よく考えて具体的に提案してください。」とプロンプトに加えることで、「実例」を示します。
　これが本当の実例かどうかは疑わしいですが、「あと、5つ実例を示してください。」と入力することで、他の実例も出力しますので、参考になります。

●出力結果

役員向けのプレゼン資料を作成する際には、以下の項目を含めることで、新製品の価値と成功の可能性を明確に伝えることができます。各項目について具体的な内容を提案します。

1.表紙
プレゼンのタイトル：男性用化粧品新製品企画
作成者の名前と所属部署
提出日
機密性：内部資料

2.アジェンダ
プレゼンの流れを示す目次
背景と目的
市場分析
製品概要
ターゲット市場
競合分析
マーケティング戦略
販売予測と財務計画
リスク分析と対応策
期待する成果
質疑応答

3.背景と目的
背景：男性用化粧品市場の成長とトレンド
市場規模と成長予測
男性の美容意識の高まり
目的：新製品の開発により目指す成果
収益の拡大
ブランド価値の向上
新しい顧客層の獲得

4.市場分析
市場規模：データとグラフで示す市場の現状と成長予測
消費者トレンド：男性のスキンケア習慣やニーズの変化
機会：市場における未開拓のニッチや需要の高い分野

5.製品概要
製品名：Nature's Touch For Men (仮)
主要成分と特徴：
オーガニック成分
敏感肌対応
アンチエイジング効果
製品イメージ：デザインコンセプトやプロトタイプの写真

6-4 社内のアイデアや計画をプレゼンする（企画書のプレゼン）

6.ターゲット市場
ターゲット顧客のプロファイル：
年齢層（例：25～45歳）
ライフスタイル（都市部在住、健康志向）
購買行動（オンラインショッピング、ブランド志向）
顧客ニーズ：ターゲット層が求める製品特徴

7.競合分析
主要競合他社：リストと簡単な説明
競合製品の強みと弱み：比較表やマトリックス
競争優位性：当社製品の差別化ポイント
ユニークな成分
環境への配慮

（以下、中略）

これらの項目を包括的にカバーすることで、役員に対して新製品の戦略、競争力、および期待される成果を効果的に伝えることができます。ビジュアルエイド（グラフ、チャート、イメージ）を活用して、情報をわかりやすくプレゼンすることも重要です。

4 プレゼンスクリプトの作成

●目的
説明資料を読み上げるための文章を作ります。

●プロンプト

 以下の内容で、プレゼンスクリプトを作ってください。

==================
プレゼンの内容を貼り付けます

●解説
　プレゼン資料を読み上げるための文章を生成AIが作ることができます。

●出力結果

 役員向けプレゼンスクリプト：○○○○
[表紙スライド]

おはようございます。今日は新製品「○○○○」の企画についてご説明させていただきます。
私は[名前]で、[部署名]に所属しています。
本日のアジェンダは次の通りです。背景と目的、市場分析、製品概要、ターゲット市場、競合分析、マーケティング戦略、販売予測と財務計画、リスク分析と対応策、そして期待する成果についてお話しします。
[背景と目的]

まずは背景と目的についてお話しします。
男性用化粧品市場は前年比8％成長しており、特に自然派成分に対する需要が急増しています。

（以下、中略）

以上が「○○○○」の企画概要です。
ここで質疑応答に移りたいと思います。ご質問がありましたら、どうぞお聞かせください。
これでプレゼンスクリプトは完了です。各項目をしっかりと準備し、自信を持ってプレゼンテーションに臨んでください。

5　想定問答の作成

●目的
　プレゼンでの質疑の想定問答を作ります。

6-4 社内のアイデアや計画をプレゼンする（企画書のプレゼン）

●プロンプト

 上記のプレゼンでの、役員との想定問答を作ってください。
パターンは20通り作ってください。
実例を踏まえ、よく考えて具体的に提案してください。

●解説

生成AIによる想定問答は、あくまで1つのサンプルにすぎません。

とはいえ、プロンプトに「実例を踏まえ、よく考えて具体的に提案してください。」を加えることで、回答に具体性、信頼性、実行可能性、理解促進、説得力の効果が期待されます。

今回は、ただのサンプルですが、詳しく回答していることがわかります。

一方、「実例を踏まえ、よく考えて具体的に提案してください。」のない場合は、数字や根拠等の説明が少ない回答が得られています。

●出力結果

 以下に、プレゼンの途中で、役員から想定される質問とその回答を20通り用意しました。それぞれの質問と回答は具体的かつ実例に基づいています。

1.市場規模について

質問：男性用化粧品市場は本当に成長しているのですか？
回答：はい、市場調査によれば、男性用化粧品市場は前年比で8%の成長を見せています。特に自然派成分に対する需要が急増しており、2023年には1000億円規模、2026年には1300億円に達すると予測されています。

2.ターゲット市場の選定理由

質問：なぜ25～45歳の男性をターゲットにしたのですか？
回答：この年齢層の男性は美容意識が高く、特に都市部在住の方々はオンラインショッピングや高品質な製品を好む傾向があります。また、調査データからもこの層がスキンケアに積極的に取り組んでいることが確認できました。

（以下、省略）

Section 5 顧客訪問とプレゼン（提案書のプレゼン）

1 顧客訪問のためのメール文章の作成

●目的
顧客訪問のためのメールの文章を作成します。

●プロンプト

> 大手スーパーマーケットチェーンのバイヤー担当者、後藤さんにアポイントを取るためのメールの文章を作成してください。以下のポイントを踏まえ、実例を参考にして具体的な文章を提示してください。
>
> 製品情報：売り込みたい男性用化粧品の特徴や強み、他社との差別化ポイント。
> 市場調査や成功事例：製品の市場調査結果や他の販売先での成功事例。
> 期待するアウトカム：具体的なアポイントメントの提案日程や次のステップ。
> 礼儀正しい表現：ビジネスメールにふさわしい礼儀正しい表現と敬語。
>
> 実際の成功例を参考にして、後藤さんの関心を引くような文章にしてください。

●解説
大手スーパーマーケットチェーンは、多くの業者からの売り込みがあることが予想されます。

プロンプトに「実例を参考して具体的な文章を提示してください」及び「実際の成功例を参考にして、後藤さんの関心を引くような文章にしてください」を加えることで、簡単なアポイントの取得のためのメールではなく、具体的な提案を書いて、興味を引いてもらえるような内容を出力しています。

●出力結果

回答①
件名:【新製品提案のお願い】男性用化粧品のご紹介とお打ち合わせのお願い

後藤様

お世話になっております。株式会社〇〇の営業担当、△△と申します。

突然のご連絡失礼いたします。
弊社では、この度新たに開発いたしました男性用化粧品「〇〇」をご紹介させていただきたく、メールいたしました。

本製品は、天然成分を使用し、敏感肌の方にも安心してお使いいただける点が特長です。また、他社製品と比較しても即効性のある成分を配合しており、お客様からも高い評価を得ております。

市場調査によると、20代から40代の男性の間での需要が高まっており、特に働き盛りのビジネスマンに人気があります。
また、既にいくつかの大手ドラッグストアチェーンでも取り扱っていただき、非常に好評をいただいております。

ぜひ一度、直接ご紹介させていただく機会をいただければ幸いです。
お忙しいところ恐縮ですが、以下の日時でお打ち合わせの候補をご提示させていただきます。

〇月〇日(〇)〇〇時~
〇月〇日(〇)〇〇時~
〇月〇日(〇)〇〇時~

ご都合のよろしい日時をご教示いただけますと幸いです。
お手数をおかけしますが、何卒よろしくお願い申し上げます。

敬具

△△株式会社○○
電話番号：○○-○○○○-○○○○
メールアドレス：example@example.com

2 ビジネスマナーに基づく顧客訪問の注意点

●目的
顧客訪問のための注意事項を確認します。

●プロンプト

> 大手スーパーマーケットチェーンへ男性用化粧品を新規に売り込みます。バイヤー担当者の後藤様と打ち合わせを行う際のビジネスエチケットについて教えてください。以下のポイントを踏まえて、実例を参考にしながら具体的に提示してください。
>
> メールおよび電話でのアプローチ：初回の連絡方法、フォローアップのタイミングや内容。
> 面談時の準備：プレゼンテーション資料の作成、持参すべきサンプル、服装などの準備。
> 面談時の態度：挨拶や名刺交換の方法、話し方、後藤様の関心を引くための効果的なプレゼンテーション方法。
> フォローアップ：面談後のフォローアップメールの書き方、次のステップの提案。
>
> 実際のビジネスシーンで成功している実例を参考に、後藤様との打ち合わせをスムーズに進めるための具体的なビジネスエチケットを教えてください。

●解説
　ビジネスエチケットについて、非常に丁寧なアドバイスを出力しています。
　「実例を踏まえ、よく考えて具体的に提案してください。」と加えることで、準備すべきことなど、イメージしやすいでしょう。

6-5 顧客訪問とプレゼン（提案書のプレゼン）

●出力結果

 メールおよび電話でのアプローチ
初回の連絡方法：
初回の連絡はメールが基本です。メールの件名には目的を明確に記載し、本文では簡潔に自己紹介と目的を伝えます。

例えば、

件名：
【新製品提案のお願い】男性用化粧品のご紹介とお打ち合わせのお願い

本文：
後藤様
お世話になっております。株式会社〇〇の営業担当、△△と申します。
弊社では、新たに開発した男性用化粧品「〇〇」をご紹介させていただきたく、メールいたしました。お忙しいところ恐縮ですが、ぜひ一度お打ち合わせの機会をいただけますと幸いです。
ご検討のほど、何卒よろしくお願い申し上げます。

敬具

△△株式会社〇〇

フォローアップのタイミングと内容：メール送信後、一週間以内に返信がない場合は電話でのフォローアップを行います。
電話では、再度自己紹介と目的を簡潔に伝え、メールの確認をお願いする形で進めます。

面談時の準備
プレゼンテーション資料の作成：製品の特徴や強み、市場調査結果、競合他社との比較などを盛り込んだプレゼンテーション資料を用意します。また、バイヤーが興味を持ちそうなポイントを強調します。

持参すべきサンプル：実際の製品サンプルを複数用意し、後藤さんが手に取って確認できるようにします。また、製品の成分表や効果に関するデータも準備しておきます。

服装：ビジネスカジュアルを基本とし、清潔感のある服装を心がけます。会社のポリシーに合わせた服装を選びましょう。

(以下、省略)

3 顧客ニーズ、インサイトの分析

●目的
顧客訪問の前に、顧客視点でのニーズを確認します。

●プロンプト①（ニーズの予想）

 大手スーパーマーケットチェーンへ男性用化粧品を新規に売り込みに行きます。顧客であるスーパーマーケットチェーンのニーズを予想してください。以下のポイントを踏まえ、実例を参考にして具体的に提示してください。

顧客ターゲット層：スーパーマーケットチェーンの主な顧客層（年齢、性別、ライフスタイルなど）に基づくニーズ。
製品カテゴリ：男性用化粧品のどのカテゴリ（スキンケア、ヘアケア、シェービングなど）にニーズがあるか。
価格帯と品質：顧客が求める価格帯と品質のバランス。
売り場配置やマーケティング戦略：スーパーマーケットチェーンが重視する売り場の配置やプロモーション戦略。
環境への配慮：エコフレンドリーな製品やパッケージが求められるか。

実際の成功例を参考にし、これらのポイントに基づいてスーパーマーケットチェーンのニーズを具体的に予想してください。

●出力結果①(ニーズの予想)

顧客ターゲット層
大手スーパーマーケットチェーンの主な顧客層は、20代から50代までの幅広い年齢層の男性です。特に、働き盛りのビジネスマンや若年層のアクティブなライフスタイルを持つ男性が多いです。

製品カテゴリ
スキンケア：この層は、肌の乾燥や老化防止を気にしているため、高保湿やアンチエイジング効果のあるスキンケア製品に高いニーズがあります。
ヘアケア：薄毛や抜け毛を防ぐ効果のあるシャンプーやコンディショナーも人気です。
シェービング：敏感肌向けのシェービングクリームやアフターシェーブローションも需要があります。

価格帯と品質
顧客は、高品質でありながら手頃な価格の製品を求めています。特に、天然成分を使用した製品や、特許取得済みの成分を含む製品は、品質に対する信頼感を高める要因となります。

売り場配置やマーケティング戦略
スーパーマーケットチェーンは、売り場の配置やプロモーション戦略を重視しています。例えば、

売り場配置：目立つ場所に特設コーナーを設け、製品の特長をアピールするPOPを配置する。
プロモーション戦略：試供品の配布や、購入特典としてポイント還元を行うキャンペーンを実施する。

環境への配慮
最近のトレンドとして、エコフレンドリーな製品やパッケージが求められています。リサイクル可能な素材を使用したパッケージや、環境に優しい成分を配合した製品は、顧客からの支持を得やすいです。

実例
成功例：例えば、アメリカの大手スーパーマーケットチェーンであるTargetは、天然成分を使用した男性用化粧品ブランド「Burt's Bees」を取り扱っています。Burt's Beesは、エコフレンドリーな製品とパッケージを強調し、高い品質と手頃な価格を両立させることで成功しています。

3章にて、インサイトを探るプロンプトを例示しました。

 表面的なニーズや希望を超えて、根底にある動機、潜在的な課題、そして将来の傾向を分析し、具体例を交えて詳細に説明してください。また、これらの洞察がビジネスや戦略にどのような影響を与える可能性があるか考察してください。

上記のプロンプトを元に以下を作成しました。

● プロンプト②（インサイトを探るプロンプト）

 表面的なニーズや希望を超えて、スーパーマーケットチェーンの根底にある動機、潜在的な課題、そして将来の傾向を分析してください。
以下のポイントを踏まえ、具体例を交えて詳細に説明してください。

根底にある動機：
潜在的な課題：
将来の傾向：
ビジネスや戦略への影響：

また、実際の成功例やケーススタディを参考にして、具体的なアイデアやアクションプランを提案してください。

● 解説

「顧客であるスーパーマーケットチェーンのニーズを予想してください。」というプロンプトよりも、インサイトの分析のプロンプトの方が深い内容を得られているように思います。業界としてはあたりまえかも知れませんが、大量に出力することやRegenerate（再生成）することで、予想していなかったニーズ、インサイトを大規模言語モデルから探り当てることもできるかもしれません。

●出力結果②（インサイトを探るプロンプト）

 スーパーマーケットチェーンのインサイト分析

根底にある動機
顧客満足度の向上：
顧客の多様なニーズに応えることで、顧客満足度を高め、リピーターを増やす。
具体例：イオンは、地域ごとに異なる商品ラインアップを提供し、地域特有の顧客ニーズに応えています。

収益の最大化：
利益率の高い商品やカテゴリーを推進し、全体の収益を向上させる。
具体例：セブンイレブンは、独自ブランド商品を開発し、競争力のある価格で高利益を確保しています。

差別化とブランド強化：
他社との差別化を図り、ブランドイメージを強化することで市場での地位を確立する。
具体例：ドン・キホーテは、ユニークな店内デザインと幅広い商品ラインアップで差別化を図っています。

潜在的な課題
競争の激化：
新規参入者や既存の競合他社との競争が激化しているため、独自性を維持するのが難しい。
具体例：ライフスタイルの変化により、ネットスーパーや宅配サービスが急増しているため、店舗来店者の減少が課題となっています。

コスト管理：
物流コストや人件費の増加により、コスト管理が重要課題となっている。
具体例：コンビニ業界では、24時間営業の維持が難しくなっており、一部店舗で時短営業を試みています。

（以下、中略）

これらの具体的なアイデアを実行することで、スーパーマーケットチェーンは顧客満足度を高め、競争力を維持しながら持続可能な成長を実現することができます。

4 提案書の作成（顧客向け）

●目的

顧客への提案資料として、提案書を提出します。提案書に書くべき事項を確認します。

●プロンプト

 男性用化粧品の新製品について、顧客向け資料として、提案書を提出します。
提案書にはどのような情報を記入すればよいでしょうか。
実例を踏まえ、よく考えて具体的に提案してください。

●解説

社内向けの企画書と同様に、そもそも、どんな情報を集めるべきか悩む人もいると思います。まず、何を情報として集めればいいか確認します。

また、「実例を踏まえ、よく考えて具体的に提案してください。」とプロンプトに加えることで、詳しい解説を出力します。

●出力結果

 男性用化粧品の新製品について、顧客向けの提案書には以下の情報を記入すると効果的です。実例を踏まえ、よく考えて具体的に提案することが重要です。

1. 表紙
タイトル：男性用化粧品新製品提案書
会社名：自社の名前
ロゴ：自社のロゴ
日付：提出日
担当者名：提案書を作成した担当者の名前と連絡先

6-5 顧客訪問とプレゼン（提案書のプレゼン）

2.概要
目的：提案書の目的（例：新製品の紹介、提案内容の概要）
背景：市場の現状や消費者ニーズ、トレンドに関する情報
実例：「男性用化粧品市場は急成長しており、特にスキンケア製品の需要が高
まっています。当社はこの需要に応えるべく、新しい男性用スキンケアラインを
開発しました。」

3.製品紹介
製品名：新製品の名前
製品概要：製品の特長、成分、使用方法
メリット：他の製品との違いや優位性
実例：「Nature's Touch For Menは、敏感肌向けに開発された高保湿クリームです。
オーガニック成分を使用し、肌に優しく、毎日のスキンケアに最適です。」

4.ターゲット市場
対象顧客：製品の主なターゲット層（年齢、職業、ライフスタイルなど）
市場規模：ターゲット市場の規模や成長予測
実例：「本製品は、25歳から45歳までの働く男性を主なターゲットとしています。
特に都市部に住むビジネスマンがメインターゲットです。」

5.競合分析
競合製品：主な競合製品とその特徴
差別化ポイント：競合製品に対する自社製品の優位性
実例：「市場には多くの男性用スキンケア製品が存在しますが、Nature's Touch
For Menは、100％オーガニック成分を使用し、敏感肌に特化している点で差別
化されています。」

（以下、中略）

これらの情報を包括的に含む提案書を作成することで、顧客に対して新製品の
価値を効果的に伝え、購入意欲を高めることができます。

5 プレゼン資料作成

●**目的**

顧客へのプレゼン資料を作成します。

●**プロンプト**

 先ほどの顧客への提案書の内容に従い、プレゼン資料を作ってください。
顧客のインサイト、および、ニーズを踏まえて、よく考えて説明してください。

●**解説**

資料はニーズだけでなく、インサイトも考慮したものとします。

●**出力結果**

 以下は、男性用化粧品を大手スーパーマーケットチェーンに売り込むためのプレゼンテーションのアウトラインとスライドの内容です。顧客のインサイトとニーズを踏まえ、具体的かつ説得力のある提案を行います。

―――――――――――――――――――――

スライド1：タイトルスライド

タイトル：天然原料を用いた男性用化粧品のご提案 副題：新しい市場機会を共に創り出しましょう 会社名：[あなたの会社名] 日付：[プレゼンテーションの日付]

―――――――――――――――――――――

スライド2：アジェンダ

①市場トレンドと成長機会
②顧客ニーズと多様な製品ラインナップ
③天然原料のメリット
④価格戦略とコストパフォーマンス
⑤マーケティングとプロモーションサポート
⑥結論と次のステップ

6-5 顧客訪問とプレゼン（提案書のプレゼン）

スライド3：市場トレンドと成長機会

見出し：成長市場のトレンド
・データ：男性用化粧品市場は昨年比で15%成長（具体的なデータソースを提示）
・ターゲット：特に20代、30代の男性消費者の需要が急増
・機会：新たな顧客層の開拓と売上増加のチャンス
画像：市場成長を示すグラフ

スライド4：顧客ニーズと多様な製品ラインナップ

見出し：多様な顧客ニーズに応える製品
・ニーズ：男性顧客の美容意識の高まり
・製品ラインナップ：洗顔料、保湿クリーム、アフターシェーブローションなど
・メリット：幅広い製品ラインで異なるニーズに対応
画像：製品ラインナップの写真

（以下、中略）

プレゼンテーション資料の作成ポイント

1.ビジュアルエレメント：各スライドに関連する画像やグラフを含め、視覚的に訴える資料を作成します。
2.簡潔なメッセージ：各スライドのメッセージを簡潔にし、要点を強調します。
3.データの信頼性：市場データやトレンドの出典を明確にし、信頼性を高めます。
4.インタラクティブ：Ｑ＆Ａセッションを設け、顧客の疑問や関心に直接答える機会を作ります。

このプレゼンテーション資料を用いて、スーパーマーケットチェーンに対して男性用化粧品の導入のメリットを具体的かつ説得力を持って伝え、成功率を高めることができます。

6 プレゼンの説明文章の作成

●目的
プレゼンの説明の文章を作成します。

●プロンプト

> プレゼン資料のスクリプトを作成してください。
> アイデンティティ (Identity) は、セールスマネージャー、ロール (Role) は、プレゼンターとします。
> スクリプトは、中学生にもわかるように、ビジネスシーンのトーン、テイスト、スタイルで作成します。

●解説
口頭説明に使う文章や、マニュアル等の文章は、あとで手直ししなくて良いように、具体的に指示するのがコツです。

プレゼン資料の説明文章を作成するための指示に追加する効果的な文章として、以下の点を含めると、より明確で充実した指示になります。

ベストプラクティスを達成するための効果的な指示：

> ・複雑な概念を簡潔に説明し、誰でも理解できるように心掛けてください。
> ・必要な専門用語を使いつつ、その意味を簡単に説明することで、プレゼンの信頼性を高めてください。
> ・実際のデータや具体的な例を使用することで、内容を裏付け、説得力を増してください。
> ・グラフや図、写真などの視覚的な要素を用いて、情報をわかりやすく提示してください。
> ・プロフェッショナルな言葉遣いや礼儀正しいトーンを心掛けてください。
> ・顧客のニーズや期待に応えるように内容を構成し、彼らが興味を持つポイントを強調してください。
> ・プレゼンの最後に、要点をまとめ、具体的な次のステップを提示してください。

6-5 顧客訪問とプレゼン（提案書のプレゼン）

●出力結果

プレゼン資料のスクリプトを作成する際の指示は、非常に明確で具体的です。中学生にもわかりやすい内容にするという点は、シンプルで理解しやすいプレゼンを目指す上で良い方針です。ただし、ビジネスシーンのトーンやスタイルを保ちつつ、適切な専門用語やデータを含めることで、プロフェッショナルな印象を与えることも重要です。

以下に、セールスマネージャーとしてプレゼンターが使用するスクリプトを、中学生にもわかるようにシンプルかつビジネスシーンに適したトーンで作成しました。

スライド1：タイトルスライド

スクリプト：「皆さん、こんにちは。本日は、弊社の新しい男性用化粧品をご紹介します。天然原料を使った高品質な製品です。これが皆様のスーパーマーケットで新たな顧客を惹きつけ、売上を伸ばす助けになると確信しています。」

スライド2：アジェンダ

スクリプト：「今日のプレゼンテーションでは、次の6つのポイントについてお話しします。市場トレンド、顧客ニーズ、天然原料のメリット、価格戦略、マーケティングサポート、そして最後に次のステップです。」

（以下、中略）

このスクリプトは、中学生にも理解しやすいシンプルな言葉遣いを心がけながらも、ビジネスシーンに適したトーンとスタイルを保つように作成しています。また、具体的なデータや例を示すことで、プレゼンの信頼性を高めています。

7 効果的なプレゼン方法の提案

●目的

ここでは、プレゼンの相手に合わせたプレゼンの方法を生成AIにより提案します。

●プロンプト

 今回のプレゼンの相手は、大手スーパーマーケットの仕入部長、および、バイヤーの担当者です。
スーパーマーケットとしてのメリットだけでなく、顧客視点のメリットも伝わるようにプレゼンします。
実際のプレゼンのシーンにおける効果的なプレゼン方法を提案してください。
ベストプラクティスのための実践的なテクニックについて、具体例を交えて詳細に解説してください。

●解説

　特定の対象者（大手スーパーマーケットの仕入部長とバイヤー担当者）に向けたプレゼンテーションに焦点を当てています。
　スーパーマーケットおよび顧客の双方にとってのメリットを強調するという重要なポイントも含まれています。さらに、実際のプレゼンテーションのシーンにおける効果的な方法とベストプラクティスについて、具体例を交えて解説するよう求めているため、実践的なアドバイスが期待されます。

●出力結果

 実際のプレゼンシーンにおける効果的なプレゼン方法

1.事前準備
A.ターゲットのリサーチ
例：大手スーパーマーケットの売れ筋商品や顧客の傾向をリサーチする
・どのカテゴリーの商品が売れているか
・顧客層の特徴（年齢層、性別、購買動向）

B.プレゼン内容のカスタマイズ
例：プレゼン資料をスーパーマーケットのニーズに合わせてカスタマイズする
・売れ筋商品のデータを活用し、提案する商品がそれにどうマッチするかを示す
・顧客が求めている価値（価格、品質、利便性など）に焦点を当てる

6-5 顧客訪問とプレゼン（提案書のプレゼン）

2. プレゼンの構成
A. 導入部
例：興味を引くストーリーを用意する
「30代の男性が日常的にスキンケアに目覚めた背景」など、共感を得られるストーリーを話す

B. 提案部分
例：商品の強みと顧客メリットを強調する
「この化粧品は天然成分を使用しており、敏感肌の方にも安心して使えます」
・顧客の声やレビューを引用して信頼性を高める

C. 具体的なデータの提示
例：具体的な販売予測データや市場調査結果を提示する
「市場調査によると、30代男性の80%がスキンケアに関心を持っており、そのうち60%が自然由来の成分を求めています」

D. 付加価値の提案
例：スーパーマーケット側にとってのメリットを示す
「販促キャンペーンを共同で実施し、初回購入者に特典を提供します」
「スーパーマーケットのロゴ入り限定パッケージを提供します」

3. 質疑応答の準備
A. 想定質問と回答の準備
例：価格に関する質問や商品の品質に関する質問を事前に想定し、回答を用意する
「価格が他社製品より高い理由は何ですか？」に対して、「天然成分の使用と高品質な製造プロセスにより、製品の価値を高めています」と回答

（以下、中略）

まとめ
効果的なプレゼンは、相手のニーズを深く理解し、それに応じた提案を行うことが鍵です。また、視覚的な資料やエモーショナルな要素を取り入れ、相手の興味を引き続けることも重要です。プレゼン後のフォローアップを忘れずに行い、相手のフィードバックを反映させることで、より良い関係を築くことができます。

8 プレゼンでの想定問答

●目的
続いて、プレゼンでの想定問答を出力させます。

●プロンプト

 上記のプレゼンでの、顧客の大手スーパーマーケットの仕入部長、および、バイヤーの担当者との想定問答を作ってください。
パターンは20通り作ってください。
実例を踏まえ、よく考えて具体的に提案してください。

●解説
生成AIによる想定問答は、あくまで１つのサンプルにすぎません。とはいえ、プロンプトに「実例を踏まえ、よく考えて具体的に提案してください。」を加えることで、回答に具体性、信頼性、実行可能性、理解促進、説得力の効果が期待されます。

●出力結果

 想定問答（Q＆A）

1.価格に関する質問
Q1：貴社の希望価格800円は他社製品より高めですが、納得できる理由を教えてください。
A1：当社の製品は天然成分を使用しており、敏感肌の方でも安心して使用できます。また、製造工程においても高品質を保つために厳格な管理を行っております。これにより、他社製品と比べて高い価値を提供できると考えています。

2.製品の品質に関する質問
Q2：この製品の品質保証はどのように行っていますか？
A2：当社は厳しい品質管理基準を設けており、製造過程の各段階で品質チェックを行っています。また、第三者機関の認証も取得しており、これにより高品質を保証しています。

6-5 顧客訪問とプレゼン（提案書のプレゼン）

3.マーケティング支援に関する質問

Q3：販売促進のためのマーケティング支援は何かありますか？

A3：はい、共同での販促キャンペーンや、店頭イベント、SNSを活用したプロモーションなど、様々なマーケティング支援を提供いたします。また、初回購入者向けの特典も準備しています。

4.顧客層に関する質問

Q4：この製品のターゲット顧客層はどのような人たちですか？

A4：主に30代の男性をターゲットとしています。彼らはスキンケアに関心が高く、特に天然成分を好む傾向があります。また、仕事でのストレスや環境の変化により、肌トラブルを抱えている方々にも効果的です。

5.競合製品との差別化に関する質問

Q5：競合他社と比べて、貴社製品の優位性は何ですか？

A5：当社の製品は天然成分を使用し、敏感肌にも対応しています。また、特定のスキンケア効果が臨床的に証明されており、その効果が顧客から高く評価されています。

6.生産能力に関する質問

Q6：大量注文があった場合、生産能力は十分にありますか？

A6：はい、当社は大規模な生産施設を持ち、需要に応じた生産が可能です。また、納期についても柔軟に対応できる体制を整えております。

7.サンプル提供に関する質問

Q7：サンプルを提供してもらうことは可能ですか？

A7：もちろんです。まずはサンプルをお試しいただき、品質を実感していただければと思います。

（以下、中略）

13.プロモーションツールに関する質問

Q13：プロモーションツールや販促物の提供はありますか？

A13：はい、店頭ディスプレイやPOP、チラシなどのプロモーションツールを提供いたします。これにより、店舗での販促活動を支援いたします。

14. 顧客フィードバックに関する質問

Q14：顧客からのフィードバックをどのように活用していますか？

A14：顧客からのフィードバックを非常に重視しており、製品改良や新商品の開発に役立てています。また、定期的にアンケートを実施し、顧客満足度の向上を図っています。

15. 契約期間に関する質問

Q15：契約期間はどのくらいを想定していますか？

A15：基本的には1年契約を想定しておりますが、長期契約も可能です。詳細は御社のご要望に合わせて柔軟に対応いたします。

16. 広告費用分担に関する質問

Q16：広告費用の分担についてはどう考えていますか？

A16：共同での広告キャンペーンを提案しております。費用については双方で分担し、効果的なプロモーションを実施することで売上向上を目指します。

17. 価格交渉に関する質問

Q17：希望納入価格の800円について、少しでも下げることは可能ですか？

A17：価格を下げるのは難しいですが、その代わりに販売促進活動やマーケティング支援を強化することで、御社の販売をサポートします。

（以下、中略）

以上が、プレゼンの相手である大手スーパーマーケットの仕入部長、およびバイヤーの担当者との想定問答20通りです。各質問に対する具体的な回答を用意することで、プレゼンの場での説得力を高めることができます。

Section
6 　効果的な交渉支援
　　（交渉の手助けをする）

1　WIN-WINの関係を構築するための提案

●目的

　さて、次に生成AIを使った交渉支援の活用方法について解説します。

　生成AIを使って、「ただ、交渉しますので、どのようにしたら良いでしょうか。」とプロンプトを入力するだけでも何らかの回答は得られますが、本節では、代表的な交渉手法を活用する具体的な方法について詳しく説明します。

●プロンプト

　大手スーパーマーケットチェーンとのWIN-WINの関係構築のための提案を、具体的なケーススタディを交えて解説してください。

提案には、以下の要素を含めてください。

1. 利益最大化の戦略：両者が利益を最大化するための具体的なアプローチ。
2. 持続可能なパートナーシップ：長期的な協力関係を維持するための手法。
3. 具体的な実施手順：具体的なアクションステップやタスク。
4. リスク管理：リスクの特定とその対策。

背景情報
大手スーパーマーケットチェーンは、市場における重要な販売チャネルであり、多くの消費者にアクセスする機会を提供しています。一方で、製品供給側は、スーパーマーケットとのパートナーシップを通じて、商品の販売を拡大し、ブランドの認知度を高めることができます。

共通の目標
大手スーパーマーケットチェーンとの協力により、以下の共通の目標を達成することが可能です。

・売上増加
・顧客満足度の向上
・ブランド認知度の向上

●解説
より具体的かつ明確な提案にするため、背景情報と共通の目標を示しました。

・具体的な要素の明示
　利益最大化の戦略、持続可能なパートナーシップ、具体的な実施手順、リスク管理など、具体的な提案内容を明示しました。
・詳細な指示
　どのような情報を含めるべきかを、具体的に明示しました。
・成功事例と失敗事例の追加
　ケーススタディとして、過去の成功事例や失敗事例を交えることで、提案の実効性を高めました。

　要するに、生成AIを活用することで、目標達成のための解決方法を次のように出力させることができます。

●出力結果

大手スーパーマーケットチェーンとのWIN-WINの関係構築のための提案

1.利益最大化の戦略
両者が利益を最大化するための具体的なアプローチとして、以下の戦略を提案します。

共同マーケティングキャンペーン：スーパーマーケットと供給側が協力して、共同でマーケティングキャンペーンを展開する。これにより、商品のプロモーション費用を分担しつつ、相互のブランド認知度を高めることができます。
例えば、期間限定の割引セールや、購入者に対する特典キャンペーンなどがあります。

データ共有と分析：顧客データを共有し、消費者の購買行動を分析することで、より効果的なマーケティング戦略を策定できます。スーパーマーケットはPOSデータを提供し、供給側は商品の売れ筋や季節変動を把握し、それに基づいたプロモーションを実施します。

棚割りの最適化：商品の陳列スペースを最適化することで、売上を最大化します。供給側は、商品の魅力を引き立てるディスプレイや、顧客の目に留まりやすい位置に商品を配置する提案を行います。

2.持続可能なパートナーシップ
長期的な協力関係を維持するための手法として、以下のアプローチが考えられます。

定期的なコミュニケーション：双方のビジネス戦略や目標を定期的に共有し、協力体制を強化します。例えば、四半期ごとのミーティングや共同ワークショップを開催し、現状の課題や今後の戦略について話し合います。

契約条件の見直し：長期的なパートナーシップを維持するために、定期的に契約条件を見直し、双方にとって公正かつ利益をもたらす内容に更新します。例えば、価格設定や納期の調整、返品ポリシーの改善などが含まれます。

共同開発とイノベーション：新商品の開発や改良において、スーパーマーケットと供給側が協力して取り組むことで、より市場に適した商品を提供できます。共同で商品開発プロジェクトを立ち上げ、消費者のニーズに応える新しい製品を生み出します。

（以下、省略）

2 合意可能範囲の検討（ZOPA）

●目的

ZOPA（ゾーパ）とは、交渉において合意可能な範囲のことを指します。この範囲を考慮しながら交渉に挑みます。

BATNAとZOPA（Zone Of Possible Agreement）の概念は、ハーバード・ビジネス・スクールのRoger Fisher教授，William Ury教授が『ハーバード流交渉術 必ず「望む結果」を引き出せる！』（原題: "Getting to Yes: Negotiating Agreement Without Giving In"）という著書で、これらの概念を紹介しました。BATNAは、交渉における最善の代替案を示し、ZOPAは交渉における合意可能な範囲を示す概念です。これらの概念は、交渉理論や実践において広く利用されています。

●プロンプト

 大手スーパーマーケットチェーンへ男性用化粧品を新規に売り込む際の交渉戦略を準備しています。
製品は30代の男性向けであり、市場で高い需要が見込まれます。ZOPAに基づいて双方が納得できる合意条件を見つけることが重要です。
大手スーパーマーケットチェーンへの提案について、ZOPAに基づく、交渉のシナリオを考えてください。

背景情報：
当社の希望納入価格：1000個納入時に1個あたり800円（この価格以下では赤字）
10000個納入時に1個あたり750円（この価格以下では赤字）
20000個納入時に1個あたり720円（この価格以下では赤字）

大手スーパーマーケットチェーンの希望納入価格：推定720円／個

ZOPAに基づいた価格範囲内での優先順位付けや、どのような妥協点や譲歩点が考えられるかを考えてください。
例えば、価格以外の付加価値や条件の譲歩点を立案してください。

6-6 効果的な交渉支援（交渉の手助けをする）

●解説

　交渉において、こちらの要求がそのまま通らない場合、他に譲歩を導き出したいことがあります。今回は、価格の要求が通らなかった場合に、陳列棚の要求案を導き出すことができました。この例は簡単に思いつくかもしれませんが、各事例において、LLMの学習データから妥協点や譲歩案を導き出すことができる点は、生成AI活用の大きなメリットです。

●出力結果

了解しました。以下は、ZOPAに基づく交渉戦略のシナリオです：
希望納入価格の優先順位付け：
当社の希望納入価格は、1000個納入時に1個あたり800円、10000個納入時に1個あたり750円、20000個納入時に1個あたり720円です。これらの価格を基準に、ZOPAに含まれる価格範囲内での優先順位を付けます。
優先順位は、利益率の高い20000個納入時の価格720円を最優先とし、次に750円、最後に800円とします。

妥協点や譲歩点の考慮：
最優先価格720円での妥協点は、大手スーパーマーケットチェーンの希望納入価格720円と一致します。この場合、製品価格は双方にとって最も好ましい範囲内で合意されます。
次の優先価格750円や800円において、妥協点は、大手スーパーマーケットチェーンの希望価格に対して、当社の製品に付加価値や特典を提供することで、価格の譲歩を可能にすることです。
例えば、750円での妥協点では、製品の販売促進活動やマーケティング支援、商品陳列の特典などを提案し、大手スーパーマーケットチェーンの利益向上に寄与する付加価値を提供します。

付加価値や条件の譲歩点の立案：
価格以外の要素での交渉を強化し、付加価値や条件の譲歩点を明確にします。
大手スーパーマーケットチェーンのニーズに合わせたカスタマイズや、製品の陳列や販促活動への支援、新規顧客獲得に向けたマーケティング施策の提案など、価格以外の付加価値を強調します。

以上の交渉戦略に基づき、大手スーパーマーケットチェーンとの持続可能なパートナーシップを築くための提案を準備します。

3 代替案の立案（BATNA）

●目的
次に、交渉において重要な要素としてBATNAについて考えます。BATNAを持っていることは、心理的に余裕を持つことができ、その余裕によって交渉そのものを落ち着いて進めることが可能になります。

●BATNA
BATNAとは、Best Alternative to a Negotiated Agreementの略で、交渉で合意に至らなかった場合の「最良の代替案」を指します。

交渉においてBATNAを考慮するメリットについて、生成AIに出力させました。

●BATNAを考慮しておくことのメリット
BATNA（Best Alternative to a Negotiated Agreement）を考慮することには、いくつかの重要なメリットがあります。

・交渉の強力な武器となる
BATNAを明確に把握することで、自社の立場や交渉の余地が明確になります。これにより、交渉相手との比較や議論の際に、自社の代替案を有効に活用できます。BATNAが強力であれば、自社の交渉ポジションが強化されます。

・リスク管理
BATNAを考慮することで、交渉が行き詰まった場合や合意が達成できない場合のリスクを軽減することができます。BATNAがあれば、代替案やバックアッププランが用意されているため、交渉が失敗した場合でもビジネスに大きな影響を与えることがありません。

・交渉の柔軟性
BATNAを持つことで、自社の交渉戦略や目標を柔軟に調整できます。交渉相手の要求や状況が変化した場合に備えて、代替案や変更可能な条件を事前に考えておくことができます。これにより、交渉の途中での対応がスムーズに行えます。

・合意の達成
BATNAを明確に把握していることで、より現実的な合意が達成される可能性が高まります。自社のBATNAが十分に魅力的であれば、交渉相手も自社の提案に同意する可能性が高くなります。また、交渉相手のBATNAも考慮することで、互いに利益を最大化する合意が実現しやすくなります。

6-6 効果的な交渉支援（交渉の手助けをする）

・交渉の自信
BATNAを持つことで、交渉に対する自信が高まります。自社の代替案が明確であり、十分に競争力がある場合、交渉に臨む際の自信や強気な姿勢が形成されます。これは、交渉の成功に直結する要素の1つです。

以上のように、BATNAを考慮することは、交渉の効果的な戦略立案やリスク管理に役立ち、より良い結果をもたらす重要な要素です。

● プロンプト

それでは、先ほどの交渉戦略のシナリオにおいて、交渉が良好に進まなかったときのために、交渉における最良な代替案（BATNA）を用意しておきたい。
実例を踏まえ、よく考えて具体的に交渉における最良な代替案（BATNA）を立案してください。

● 解説

生成AIによるBATNAの立案は難易度が高いです。

交渉がうまくいかなかった場合の代替案を生成するため、生成AIは確率的に低い内容を出力することになり、なかなか納得できる提案（出力結果）が得られませんでした。サンプルは、何度もRegenerate（再生成）を繰り返した結果になります。

● 出力結果

交渉が良好に進まなかった場合、BATNA（Best Alternative to a Negotiated Agreement）を用意しておくことが重要です。以下は、具体的なBATNAの立案例です。

代替供給先の開拓：
交渉が難航した場合、当社は大手スーパーマーケットチェーン以外の販売チャネルや取引先を探すことが選択肢となります。例えば、他の小売店やオンライン販売プラットフォームとの協力や、直接消費者への販売を検討します。これにより、大手スーパーマーケットチェーンとの交渉が決裂した場合でも、市場への進出を継続できる可能性があります。

価格調整とコスト削減：
交渉が難航した場合、当社は製品の価格や条件を見直し、大手スーパーマーケットチェーンに提案できる新たな価格や条件を検討します。具体的には、製品の生産コストの見直しや効率化、価格の再調整などが考えられます。これにより、大手スーパーマーケットチェーンとの交渉が再開された場合に、より柔軟な価格や条件を提示できる可能性があります。

新たな提携先の探索：
交渉が難航した場合、当社は新たな提携先や協力関係を模索します。例えば、競合他社や他の小売業者との提携や、新たな販売チャネルの開拓などが考えられます。これにより、大手スーパーマーケットチェーンとの交渉が決裂した場合でも、他のビジネス機会を追求できる可能性があります。

以上のように、交渉が難航した場合に備えて、代替供給先の開拓や価格調整、新たな提携先の探索など、BATNAを用意しておくことが重要です。これにより、交渉が行き詰まった際にもビジネスの持続性を確保し、戦略的な選択肢を持つことが可能となります。

4 生成AIを活用した交渉のロールプレイング

●目的
交渉のロールプレイングとは、模擬交渉を通じて技術向上や対応力を養う練習方法です。ここでは、生成AIを用いた交渉のロールプレイングを作成します。

●プロンプト

それでは、スーパーマーケットチェーンとのZOPA、BATNAを考慮した交渉のロールプレイングを示してください。

●解説
生成AIによる会話は、多くの学習データに基づいているため、参考になる内容が得られると思います。何度も出力を繰り返したり、条件を変えたりすることで、実際の交渉のシミュレーションとして活用することができます。

6-6 効果的な交渉支援（交渉の手助けをする）

●出力結果

 ロールプレイングのシナリオ：

役割：
・当社代表（セールスマネージャー）
・大手スーパーマーケットチェーンの仕入部長

セールスマネージャー：
こんにちは、仕入部長さん。ありがとうございます、今日お時間をいただけて。

仕入部長：
こんにちは、どうぞ。

セールスマネージャー：
さて、当社では30代男性向けの新しい化粧品ラインの販売を考えています。当社の希望納入価格は10000個納入時に1個あたり800円ですが、大手スーパーマーケットチェーンのニーズに合わせて柔軟に対応できると考えています。

仕入部長：
なるほど、それは興味深いですね。ただ、当社の希望納入価格は720円/個です。価格面での調整は可能ですか？

セールスマネージャー：
もちろん、価格面での調整については十分検討可能です。ただし、当社の製品は高品質であり、競合他社よりも優れた価値を提供しています。また、大手スーパーマーケットチェーンの顧客層に合わせてカスタマイズしたマーケティング支援や販売促進活動などの付加価値も提供できます。これにより、価格以外の面でのメリットも考慮していただければと思います。

仕入部長：
なるほど、付加価値の提案も魅力的ですね。ただし、価格の面では最低限720円/個を希望します。もう少し価格調整が可能でしょうか？

セールスマネージャー：
理解いたしました。価格面での調整については、内部で再度検討し、最大限の努力を行います。また、価格以外の付加価値や条件の柔軟性についても再考し、より合意に近づけるための努力を行います。ただし、一定の価格を下回ると当社にとって赤字となる点もご理解いただければと存じます。

仕入部長：
確かに、価格面での調整は大変ですね。では、再検討の後、具体的な提案をお待ちしています。

セールスマネージャー：
了解しました。再度詳細を検討し、最良の提案をさせていただきます。何かご不明点やご要望がありましたら、いつでもお知らせください。

仕入部長：
ありがとうございます。期待しています。

このロールプレイングでは、セールスマネージャーはZOPAの価格範囲内での交渉を行い、またBATNAの代替案として付加価値や条件の柔軟性を提案しています。
一方、大手スーパーマーケットチェーンの仕入部長は自社の希望価格を明確に提示し、価格交渉の重要性を強調します。結果的に、双方が譲歩点を探りながら価格や条件の交渉を進め、WIN-WINの合意に至ることが期待されます。

第7章

生成AIを活用した
ご当地グルメの
ビジネス

　本章ではB to Cマーケティングを中心に解説します。具体例として、ご当地グルメを取り上げますが、「ご当地グルメ」というだけでは具体性に欠けるため、名古屋のソウルフードである「味噌カツ」を題材にします。

　味噌カツは、カツにソースではなく、味噌だれをかけた名古屋独特の料理です。豚肉の脂と味噌が絶妙に混ざり合い、独特の風味を生み出します。名古屋を訪れた際は、ぜひお召し上がりください。

Section 1 ご当地グルメのマーケティング手法(B to Cマーケティング)

1 フードフェスティバルへの出店計画

　味噌カツを提供している店舗の知名度を向上させるために、ご当地グルメのフードフェスティバルに参加します。そのための出店計画を立案します。

●目的
　まず何をすべきか、生成AIで確認します。

●プロンプト

> #情報提供
>
> 1.質問の背景と参考情報
> 背景:味噌カツを提供する店舗が、知名度向上と新規顧客の獲得を目的として、ご当地グルメのフードフェスティバルに出店する計画を立案している。
> 参考情報:フェスティバルは〇〇市で開催され、予想される来場者数は約1万人。
>
> 2.目的と目標
> 目的:フードフェスティバルへの参加を通じて、店舗の知名度向上と新規顧客の獲得を目指す。
> 目標:1日あたりの売上目標を20万円とする。少なくとも100名の新規顧客獲得を目指す。
>
> 3.現在の状況と課題
> 現在の状況:味噌カツを店舗で営業しているが、知名度が十分ではない。
> 課題:フードフェスティバルでの効果的なプロモーション方法と、売上目標及び新規顧客獲得の具体的な手段が不明。
>
> 4.既存の取り組みと結果
> 現時点では、具体的な取り組みや結果についての情報が不足している。

7-1　ご当地グルメのマーケティング手法（B to Cマーケティング）

5.期待する回答の形式と内容
形式：フローチャート形式。
内容：実例を踏まえた具体的な詳細手順。同時並行で進めるプロセスの明示。

6.制約条件
イベント会場の申し込みプロセスも出力すること。
フードフェスティバルの規模（来場者数約1万人）。
1日あたりの売上目標20万円。
少なくとも100名の新規顧客獲得。

7.成功基準
フードフェスティバルでの売上目標20万円を達成すること。
100名以上の新規顧客を獲得すること。

#具体的な質問
フードフェスティバルでの売上目標達成と新規顧客獲得のために、どのようなプロモーション方法が効果的か？
フードフェスティバルに出店する際の具体的な準備手順は？
同時並行で進めるべきプロセスと、その進行方法について詳しく教えてください。
実例を踏まえた具体的な手順と成功事例を教えてください。
フローチャートを使って、効果的な出店計画を示してください。

●解説

　フローチャート形式で図示するよう指定することで、視覚的に理解しやすくなります。ただし、対象業務によってはフローチャートで示せない場合もあり、ない方が良いこともあります。

　最初は出力される手順に問題がありましたが、「出力形式はフローチャートでお願いします」と付け加える指示をしたところ、正しい手順で出力されるようになりました。

　さらに、「実例を踏まえ、よく考えて具体的に詳細な手順を示してください。」を付けることで、具体的な手順を示すようになり、さらに改善しました。

　このように、詳細な情報提供と明確な指示を含めることで、出店計画をより具体的かつ実用的に立案できます。

具体性と詳細度が高いため、受け取る回答が実用的で、出店計画に直結する内容になる可能性が高まります。また、成功基準が提示されているため、計画の評価基準も明確です。

●出力結果

 フードフェスティバル出店計画フローチャート

1.準備段階
目標設定
・売上目標：20万円／日
・新規顧客獲得目標：100名

リサーチと分析
・フェスティバルの詳細確認（来場者数、ブース配置、競合他店の状況）
・ターゲット顧客の分析

イベント会場の申し込み
情報収集：
・フェスティバルの公式ウェブサイトや主催者からの情報収集
・申し込み期限、参加費用、ブースの規模と場所の確認

申し込み手続き：
・必要書類の準備（申請書、店舗の紹介資料、メニューリストなど）
・オンラインまたは郵送での申し込み手続き

確認とフォローアップ：
・申し込み後の確認連絡
・必要な追加情報の提出や調整

戦略立案
・メニュー選定（人気メニュー、フェスティバル限定メニュー）
・プロモーション計画（事前告知、SNS活用、インフルエンサーマーケティング）

2.プロモーション方法
事前プロモーション

7-1 ご当地グルメのマーケティング手法（B to C マーケティング）

SNS 活用：
・Instagram、Facebook、Twitter での告知
・ハッシュタグキャンペーン（#味噌カツフェスティバル）

インフルエンサーマーケティング：
・地元のフードブロガーやインフルエンサーに試食を依頼
・彼らのフォロワーに対して告知してもらう

事前予約：
・オンラインでの事前注文やクーポン配布

当日のプロモーション
ブース装飾：
・目立つ看板や装飾
・試食サンプルの提供

限定メニュー：
・フェスティバル限定の味噌カツメニュー

お得なセットメニュー：
・セットメニューの割引提供

即時フィードバック収集：
・QR コードでの簡易アンケート

3.実行段階
当日の準備

ブース設営：
・朝早くからの設営
・衛生管理の徹底

スタッフ配置：
・接客スタッフ、調理スタッフの役割分担
・短時間でのオペレーション練習

販売活動
接客：
・明るく親しみやすい接客
・メニューの説明やおすすめポイントの強調

クロスセリング：
・ドリンクやサイドメニューの提案

4.結果の評価
売上の集計
・1日の売上額の確認
・目標達成度の評価

新規顧客数の把握
・アンケートや事前予約の集計
・新規顧客の反応とフィードバックの収集

次回へのフィードバック
・成功点と改善点の整理
・次回の戦略の見直し

フローチャート図解

準備段階
├── 目標設定
├── リサーチと分析
├── イベント会場の申し込み
│ ├── 情報収集
│ ├── 申し込み手続き
│ └── 確認とフォローアップ
└── 戦略立案
　　├── メニュー選定
　　├── プロモーション計画
　　└── インフルエンサーマーケティング

7-1 ご当地グルメのマーケティング手法（B to C マーケティング）

```
プロモーション方法
├── 事前プロモーション
└── 当日のプロモーション

実行段階
├── 当日の準備
└── 販売活動

結果の評価
├── 売上の集計
├── 新規顧客数の把握
└── 次回へのフィードバック


（以下、中略）
```

このように、詳細な準備と効果的なプロモーションを実施することで、売上目標
と新規顧客獲得目標を達成することができます。

2 B to C マーケティングにおける購入プロセスモデルの活用

　味噌カツの販売においても、6章で説明したAIDMAやAISASといった購入プロセ
スモデルの活用は有効です。詳細については6章をご参照ください。

3 ブランドイメージ向上戦略

●目的

ブランドイメージ向上の戦略を考慮することには、以下のようなメリットがあります。

●ブランドイメージ向上のメリット

①競争優位性の確立

強力なブランドイメージは、競合他社との差別化を可能にし、市場での優位性を築くことができます。

②顧客ロイヤルティの向上

ポジティブなブランドイメージは、顧客の信頼と愛着を醸成し、リピート購入や口コミ効果を促進します。

③プレミアム価格の設定

高品質や信頼性のイメージは、より高い価格設定を可能にし、利益率の向上につながります。

④新規顧客の獲得

魅力的なブランドイメージは、新たな顧客層を引き付け、市場シェアの拡大に貢献します。

⑤クライシス時の耐性

強固なブランドイメージは、不測の事態や批判に直面した際のダメージを軽減し、より迅速な回復を助けます。

これらのメリットは、長期的な企業価値の向上と持続可能な成長につながります。

7-1 ご当地グルメのマーケティング手法（B to Cマーケティング）

●プロンプト

 私の味噌カツのお店のブランドイメージを向上させるための10の具体的な方法を教えてください。
それぞれの方法には成功例を含めて説明してください。
なお、私のお店の味噌カツの特徴は、厳選素材の味噌と豚肉を使用していることです。

●解説

「ブランドイメージを向上させるための10の具体的な方法」と指定すると、以下のような出力結果が得られます。生成AIは、多くの情報を学習データとして持っていると推定されます。今回のプロンプトでは、実例ではなく成功例として指定しています。

●出力結果

 1.一貫したビジュアルアイデンティティ
実例：Appleのシンプルで洗練されたデザイン。
方法：店舗ロゴ、看板、メニュー、ウェブサイトなどで統一されたデザインを使用。特に厳選素材の味噌と豚肉を強調するビジュアル要素を取り入れる。

2.高品質な製品とサービス
実例：Appleの製品品質とカスタマーサポート。
方法：味噌カツの品質を維持するため、定期的に食材のチェックと品質管理を行い、顧客からのフィードバックを収集して改善を図る。

3.顧客とのエンゲージメント
実例：Starbucksのソーシャルメディアでの積極的な顧客交流。
方法：SNS（Instagram、Twitter、Facebook）で顧客と積極的にコミュニケーションをとり、意見や感想をシェアする。顧客が投稿した写真やレビューをリポストする。

4.社会的責任と持続可能性
実例：Patagoniaの環境保護活動。
方法：地元の農産物を使用し、環境に配慮した包装材を採用。地域の農家と提携し、持続可能な農業をサポートする活動を広報する。

5.効果的なストーリーテリング
実例：Ben & Jerry'sのユニークなブランドストーリー。
方法：味噌カツの素材選びや調理工程、職人のこだわりなどをストーリー形式で発信。ウェブサイトやSNSでストーリー動画を公開し、顧客に親しみを持ってもらう。

6.ブランドの一貫性
実例：Nikeの「Just Do It」スローガン。
方法：ブランドメッセージを「厳選素材の味噌と豚肉の味噌カツ」に統一し、すべてのマーケティング資料やコミュニケーションで一貫して使用する。

7.優れた顧客体験
実例：Ritz-Carltonの顧客体験重視のアプローチ。
方法：店舗での接客を強化し、顧客が快適に過ごせる環境を提供。顧客のニーズに迅速に対応し、リピーターを増やす。

8.インフルエンサーマーケティング
実例：Daniel Wellingtonのインフルエンサー活用。
方法：地元の人気インフルエンサーやフードブロガーと提携し、味噌カツの魅力を広めてもらう。試食イベントに招待し、SNSでの発信を促す。

9.イベントやプロモーション
実例：Red Bullのエクストリームスポーツイベント。
方法：定期的に試食イベントやクッキングクラスを開催し、顧客との接点を増やす。フェスティバルや地域のイベントに参加し、特別なプロモーションを行う。

10.オンラインプレゼンスの強化
実例：Zapposのオンラインでの優れたカスタマーサービス。
方法：ウェブサイトやSNSを活用してブランド情報を発信。オンライン予約やデリバリーサービスを強化し、レビューやフィードバックに迅速に対応する。

これらの具体的な方法を実践することで、味噌カツのお店のブランドイメージを向上させることができます。

7-1 ご当地グルメのマーケティング手法（B to Cマーケティング）

お店の評判を高めるため、以下のプロンプトの書き方もあります。

● プロンプト

私の味噌カツのお店の評判を高めたい。
私のお店の味噌カツは、厳選素材の味噌と豚肉を使っているのがウリです。
美味しさに加え、ご当地グルメとして、地元愛を世の中に浸透させたいです。

実例を踏まえ、よく考えて具体的に提案してください。
なお、実例はグローバル企業の例ではなく、小規模なお店のケースでお願いします。

● 出力結果

味噌カツのお店の評判を高めるために、地元愛と美味しさを強調しつつ、実際の小規模なお店の事例を踏まえた具体的な提案を示します。

1. 地元産食材の強調とPR
実例：**奈良の「天理スタミナラーメン」**が地元産野菜を使用し、地元メディアで取り上げられた。
方法：地元の厳選素材を使用していることをメニューや店内ポスターで明確に表示。地元の農家や生産者との協力関係を積極的にアピールし、地元メディアに取り上げてもらうよう働きかける。

（以下、中略）

4. 地元限定メニューの開発
実例：**札幌市の「すみれラーメン」**が地元の食材を使った限定メニューを開発し、話題に。
方法：地元の特産品や季節の食材を使った限定メニューを開発。期間限定で提供し、SNSや店頭で告知して話題を呼ぶ。

5. ソーシャルメディアでのストーリーテリング
実例：**愛知県名古屋市の「矢場とん」**がSNSでの投稿を通じてブランドストーリーを発信し、支持を得た。
方法：味噌カツの製造過程や素材のこだわり、地元との関係を写真や動画でSNSに投稿。お店の裏話やスタッフの紹介も交え、親しみを持ってもらう。

（以下、省略）

●解説

なんと、驚いたことに、愛知県の「矢場とん」が出力されました。矢場とんは名古屋で最も有名な味噌カツのお店で、筆者も大好きで県外の方にもよく紹介しています。

このように生成AIが実例として出力したことは、プロンプトの書き方が適切で合格だったと考えられます。

矢場とん（名古屋名物みそかつ専門店）
https://www.yabaton.com

7-1 ご当地グルメのマーケティング手法（B to Cマーケティング）

4 顧客のペルソナ像の定義

●目的
マーケティングのため、顧客のペルソナ像を定義します。

> ●ペルソナ
> 　ペルソナとは、特定のマーケティング戦略や製品開発のために作成される、理想的な顧客像のことです。これは、実際のデータやリサーチを基にした架空のキャラクターであり、特定の顧客層を代表します。
> 　ペルソナは、詳細な特徴を定義することで、企業がターゲット顧客のニーズや行動をより深く理解し、それに基づいた戦略を立てるのに役立ちます。

●プロンプト

ご当地グルメとして、誰でも食べられる価格で味噌カツを提供しています。私のお店の味噌カツは、厳選素材の味噌と豚肉を使っているのがウリです。美味しさに加え、ご当地グルメとして、地元愛を世の中に浸透させたいです。

お店のターゲット層を明確にするために、私のお店のお客のペルソナを3タイプ予想してください。それぞれのペルソナについて、年齢、職業、家族構成、ライフスタイル、消費習慣、そしてどのようにしてお店を知り、訪れるかを具体的に示してください。

●解説
　ペルソナ像として「地元の学生、勉強とアルバイトで忙しい」という情報が出力されました。これを見て、学生時代に味噌カツを食べたことを思い出しました。今回、味噌カツを選んだことで、生成AIがうまく出力していると感じました。

●出力結果

以下は、あなたのプロンプトに従って予測した3タイプのペルソナです。

ペルソナ1：地元の家族連れ
名前：鈴木一郎（仮名）
年齢：38歳
職業：会社員

家族構成：妻（35歳）、子供（8歳と5歳）

ライフスタイル：平日は仕事が忙しく、週末は家族と一緒に過ごす時間を大切にしている。地元のイベントやアクティビティによく参加し、家族での外食を楽しむ。

消費習慣：健康志向で、家族の健康を考えた食事を重視。お得な価格で質の高い食事を求めている。地元の店舗を応援する意識が強い。

お店を知るきっかけ：地元のイベントでの出店、口コミ、地元の新聞やフリーペーパーの特集記事。

訪れる理由：厳選素材を使用した安心安全な料理が家族全員に受け入れられるため。また、ご当地グルメとして気軽に楽しめる価格も魅力。

ペルソナ2：地元の学生

名前：田中花子（仮名）

年齢：20歳

職業：大学生

家族構成：一人暮らしまたは実家暮らし

ライフスタイル：友人と一緒にカフェやレストランで過ごすことが多い。勉強とアルバイトで忙しいが、友人との食事を楽しむ時間を大切にしている。トレンドに敏感で、SNSをよく利用する。

消費習慣：限られた予算内でコスパの良い食事を求める。美味しい食事をSNSでシェアすることが好き。新しい店舗やメニューに興味がある。

お店を知るきっかけ：SNS（Instagram、Twitter）、友人からの口コミ、大学周辺の広告。

訪れる理由：安くて美味しい味噌カツが楽しめることと、厳選素材を使用したヘルシーな料理が魅力。SNSでシェアできるような美味しさとビジュアルがある。

（以下、省略）

5 体験型販売手法（エクスピアリエンス・マーケティング）の提案

●**目的**

　ご当地グルメの体験型販売手法（エクスペリエンス・マーケティング）を活用しようと思います。

　親子で一緒に味噌カツを体験してもらうことで、味噌カツが好きになり、お店のファンになってもらえるのではないかと思いました。

●**体験型販売手法（エクスピアリエンス・マーケティング）の効果**
　強い印象形成：商品やブランドとの直接的な体験が、消費者の記憶に深く刻まれます。

・**感情的つながりの構築**：体験を通じて感情的な結びつきが生まれ、ブランドロイヤルティが高まります。
・**口コミ効果の促進**：ユニークな体験は共有されやすく、自然な宣伝効果を生みます。
・**購買意欲の向上**：体験を通じて商品の価値を実感することで、購買への抵抗が低くなります。
・**差別化**：競合他社との明確な違いを示し、ブランドの独自性を強調できます。

　これらの効果により、販売促進と顧客関係の強化が図れます。

●**プロンプト**

　ご当地グルメにおいて、体験型販売手法（エクスピアリエンス・マーケティング）を活用しようと思います。
　親子で一緒に味噌カツを体験してもらうことで、味噌カツを好きになってもらって、お店のファンになってもらえるのではないかと思いました。
　それでは、体験型販売手法（エクスピアリエンス・マーケティング）の方法を提案してください。

●**解説**

　生成AIの出力結果を見ると、何かの食べ物に関しての体験型販売手法の学習データと味噌カツが組み合わせられているようです。

●出力結果

 以下に、体験型販売手法(エクスピアリエンス・マーケティング)の具体的な方法を提案します。

体験型販売手法(エクスピアリエンス・マーケティング)の方法提案

親子味噌カツクッキングクラス:
内容:親子で一緒に味噌カツを作るクッキングクラスを開催します。クラスでは、味噌カツの基本的な作り方やコツを教えます。
実例:週末に開催されるクッキングクラスでは、参加者にエプロンとレシピを提供し、実際に味噌カツを作って食べてもらいます。参加者には、自分で作った味噌カツを持ち帰ることができるようにします。

味噌カツ試食イベント:
内容:店内や地元のイベントで味噌カツの試食イベントを開催します。親子で参加し、味噌カツの異なるバリエーションを試食してもらいます。
実例:フードフェスティバルなどの地元イベントにブースを設け、親子連れが気軽に立ち寄って味噌カツを試食できるようにします。

味噌カツワークショップ:
内容:親子向けの味噌カツワークショップを定期的に開催し、味噌カツの作り方や歴史、使われる食材について学んでもらいます。
実例:ワークショップでは、特別な味噌や豚肉の説明を交えながら実際に味噌カツを作る体験を提供します。終了後には、作った味噌カツを一緒に食べる時間を設けます。

味噌カツデコレーションコンテスト:
内容:親子で楽しめる味噌カツデコレーションコンテストを開催します。味噌カツを自由にデコレーションし、SNSでシェアしてもらいます。
実例:コンテスト参加者には、デコレーション用の具材やソースを提供し、最もクリエイティブなデコレーションを投稿した親子には賞品をプレゼントします。

(以下、省略)

7-1 ご当地グルメのマーケティング手法 (B to Cマーケティング)

6 固定客の獲得方法の立案（AMTUL）

●目的
味噌カツの固定客を獲得したいと考えています。そのために、固定客獲得のフレームワークであるAMTUL（アムツール）を活用します。

●固定客の獲得方法のフレームワークであるAMTULについて

固定客になってもらうためのフレームワークに、AMTULというものがあります。AMTULモデルは、水口健次氏によって『マーケティング戦略の実際』(日経BPマーケティング)で提唱されました。

AMTULとは、購買行動モデルの1つです。

・Awareness（認知）
・Memory（記憶）
・Trial（試用）
・Usage（本格使用）
・Loyalty（愛用）

日本で開発されたもので、ChatGPTは情報を持っていないので、教える必要があります。

●プロンプト

 味噌カツについて、来店してくれたお客様に、固定客になって欲しいと考えています。
私のお店の味噌カツは、厳選素材の味噌と豚肉を使っているのがウリで、ご当地グルメとして親しまれています。
AMTULフレームワークを使って、来店してくれたお客様に固定客になってもらう具体的な方法を提案してください。
AMTULとは、購買行動モデルの1つで、以下の略です。

・Awareness（認知）
・Memory（記憶）
・Trial（試用）
・Usage（本格使用）
・Loyalty（愛用）

それぞれのステップでの具体的な施策や実例を含めて説明してください。
お店の特徴やターゲット層（家族連れ、若いカップル、年配の方など）に合った具体的な提案をしてください。

● **解説**

AMTULは、日本で開発されたフレームワークです。そのため、各ステップの枠組みを最初からプロンプトで指定しています。AMTULフレームワークの各ステップに対して具体的な施策を求めることで、提案がより具体的かつ実践的になります。

また、「それぞれのステップでの具体的な施策や実例を含めて説明してください」と指示することで、さらに具体的な提案が期待できます。

● **出力結果**

 AMTULフレームワークを使った固定客獲得方法

1.Awareness（認知）
施策：
地域広告：地元の新聞、雑誌、ラジオなどに広告を掲載する。例えば、地域イベントのスポンサーシップを行い、味噌カツの無料試食会を開催する。
ソーシャルメディア：Facebook、Instagram、TwitterなどのSNSを活用して、日々のメニューやイベント情報を発信する。例えば、料理動画やスタッフの紹介などを投稿する。

実例：
地元のフェスティバルに出店し、試食を提供することで多くの人に味噌カツを知ってもらう。

7-1 ご当地グルメのマーケティング手法（B to Cマーケティング）

2.Memory（記憶）
施策：
インパクトのある店舗デザイン：店舗の外観や内装を魅力的にし、訪れた際の記憶に残るようにする。例えば、地元の伝統を感じさせる装飾や、写真映えするデザインを取り入れる。
ロゴやパッケージ：お店のロゴやテイクアウトのパッケージを工夫し、覚えやすいデザインにする。

実例：
店内に地元の風景写真や歴史を展示し、訪れたお客様が地元愛を感じられるようにする。

（以下、中略）

これらの施策を組み合わせることで、様々なターゲット層にアプローチし、固定客の獲得を目指しましょう。

7 カスタマージャーニーマップ

●目的

AMTULを使って、プロセスにおけるカスタマージャーニーマップを作成し、その行動と感情を検証します。

●カスタマージャーニーマップ

　カスタマージャーニーマップとは、顧客が商品やサービスを購入するまでの経験や感情を段階的に示すツールのことです。これにより、顧客の行動や感情が製品やサービスとの接点でどのように変化するかを理解でき、顧客体験の改善やマーケティング戦略の最適化に活用されます。
　カスタマージャーニーマップは、通常「認知」「検討」「購入」「利用」「忠誠」の段階で構成され、各段階での顧客のニーズや課題、期待を明確にします。このツールを使用することで、顧客の視点からビジネスの強みや改善点を把握し、顧客満足度と忠誠度の向上を図ることができます。

229

●プロンプト

AMTULフレームワークを使って固定客獲得したとき、この固定客は、どのようなカスタマージャーニーマップになりますか。顧客の行動と感情の進化を例示してください。

●解説

　このプロンプトは、AMTULフレームワークを使って顧客が固定客になるまでの過程をカスタマージャーニーマップとして具体的に例示することを求めています。それぞれのステップで顧客の行動と感情の変化を詳細に説明することで、顧客体験の進化とその背景にある感情の移り変わりを明確にすることができます。

　固定客がどのような経過によってファンになるのか、その過程を詳細に示すことが期待されています。

●出力結果

以下は、AMTULフレームワークを使用して固定客獲得した場合のカスタマージャーニーマップの例です。顧客の行動と感情の進化を具体的なステップで示します。

認知（Awareness）：
・顧客は広告やSNS、口コミなどを通じてお店の存在や味噌カツの特徴を知る。
・興味を持ち、お店に関する情報を収集する。

記憶（Memory）：
・顧客は過去の訪問や味噌カツの試食体験を思い出し、ポジティブな印象を保持する。
・お店の名前や場所、味噌カツの味や質に関する良い記憶を持つ。

試用（Trial）：
・顧客は実際にお店を訪れ、味噌カツを注文して試食する。
・味やサービスの品質を確認し、自身の好みに合うかどうかを判断する。

本格使用（Usage）：
・顧客は定期的にお店を訪れ、味噌カツを注文する習慣を築く。

- お店の雰囲気やサービスに満足し、自分のお気に入りのメニューとして味噌カツを選択する。

愛用（Loyalty）：
- 顧客はお店のリピーターとなり、定期的に訪れる。
- お店の特典やイベントに参加し、顧客としての特別な扱いを楽しむ。
- 味噌カツを家族や友人に推薦し、お店のファンとしての誇りを持つ。

このように、顧客は認知から愛用までの過程で、感情や行動が変化し、最終的に固定客としてお店に忠実になります。AMTULフレームワークを使用することで、各段階での顧客の進化を理解し、固定客獲得の施策を展開することが重要です。

8 広告戦略

●目的

　広告戦略とは、商品やサービスの認知度を高め、ターゲット顧客に効果的にアピールするための計画です。具体的には、広告の目的を設定し、ターゲット市場を明確にし、適切なメディア（テレビ、インターネット、新聞など）を選び、一貫したメッセージを伝えることが重要です。

●プロンプト

私のお店の味噌カツは、厳選素材の味噌と豚肉を使っているのがウリで、ご当地グルメとして親しまれています。
主なペルソナは、以下の3タイプです。

ペルソナ1：地元の家族連れ
ペルソナ2：地元の学生
ペルソナ3：地元のシニア層

これらのペルソナに対して、効果的な広告戦略を考えてください。各ペルソナに適した広告媒体やメッセージ、キャンペーンなどを具体的に提案してください。また、提案の中で実例を挙げてください。例えば、どのような広告が成功したのか、具体的な施策やキャンペーンの事例を踏まえた提案をお願いします。

●解説

このプロンプトでは、以下のように設計されています。

地元の家族連れ、地元の学生、地元のシニア層という3つの具体的なペルソナを設定し、各ペルソナに適した広告媒体やメッセージ、キャンペーンを提案するように求めています。

さらに、具体的な実例を挙げることも要求しており、実際に成功した広告やキャンペーンの事例を挙げることも求めています。これにより、提案が理論的なものだけでなく、実際に効果があった施策に基づいたものになる可能性が高まります。

●出力結果

 具体的な提案

ペルソナ1：地元の家族連れ
広告媒体：
・地元の子育て情報誌やファミリー向けのイベント情報誌
・SNS（FacebookやInstagram）でターゲティング広告

メッセージ：
・「家族みんなで楽しめる味噌カツ！厳選素材で安心・安全」
・「親子で楽しむご当地グルメ、味噌カツ体験イベント開催中！」

キャンペーン例：
・ファミリー割引キャンペーン：2人以上の家族で来店すると、子供のメニューが無料または割引
・親子で味噌カツ作り体験教室：週末に親子で参加できる料理教室を開催

実例：
・地元の人気ファミリーイベント「ファミリーデー」で出店し、親子で楽しめるクッキングイベントを実施。
・参加者には次回利用できるクーポンを配布。

ペルソナ2：地元の学生
広告媒体：
・大学や高校のキャンパス内掲示板や学内新聞
・SNS（Instagram、Twitter、TikTok）でのターゲティング広告

メッセージ：
・「学生限定！ボリューム満点の味噌カツランチ」
・「放課後にみんなで味噌カツ！学割実施中」

キャンペーン例：
・学生割引キャンペーン：学生証を提示すると、特定メニューが割引

ペルソナ3：地元のシニア層
広告媒体：
・地元の新聞やシニア向けの生活情報誌
・シニア向けの地域コミュニティ掲示板

メッセージ：
・「厳選素材で作るヘルシーな味噌カツ、健康を気にするあなたに」
・「シニア割引実施中！落ち着いた雰囲気でゆったりと味わう味噌カツ」

キャンペーン例：
・シニア割引キャンペーン：60歳以上のお客様に割引を提供
・シニア向けの料理教室：味噌カツの作り方を教える料理教室を開催し、地域
　の交流を促進

（以下、省略）

Section 2

生産量拡大のための体制整備

この章では、味噌カツの生産量を拡大するための体制整備について説明します。

これまでの活動により、味噌カツの生産量が増えてきました。スタッフの人材育成、仕入量の拡大、新たな仕入先の追加の判断、品質管理、スケジュール管理等が必要です。しかし、さらなる拡大には以下の対策が必要です。

1 スタッフの人材育成

●目的

スタッフの人材育成のポイントについて、生成AIを活用して分析しました。

●プロンプト

私のお店の味噌カツは、厳選素材の味噌と豚肉を使用し、ご当地グルメとして親しまれています。
近年、味噌カツの生産量が前年比で20％増加しており、スタッフの技術向上や効率的な生産プロセスの確立が求められています。

社員とアルバイトの人材育成に関して、以下の点について具体的な提案をしてください。

・新入社員やアルバイトのトレーニングプログラムの構築方法
・現場での実践的な技術習得のための手法や研修内容
・チームワークやコミュニケーション能力の向上のための取り組み
・リーダーシップや責任感の育成に焦点を当てた計画

上記について、実例を踏まえ、成功事例を交えながら具体的に提案してください。

●解説

味噌カツの生産量が前年比で20%増加しているという具体的なデータが示されており、課題を明確にしています。

具体的な要求として、トレーニングプログラムの構築、技術習得の手法、チームワークの向上、リーダーシップの育成が挙げられています。

実例や成功事例を交えた具体的な提案を求めることで、現実的で実践的なアドバイスが期待できます。

●出力結果

味噌カツの生産量が前年比で20%増加し、スタッフの技術向上や効率的な生産プロセスの確立が求められている状況で、社員とアルバイトの人材育成に関して以下の具体的な提案を行います。

1.新入社員やアルバイトのトレーニングプログラムの構築方法
方法
オリエンテーション：会社のビジョン、ミッション、価値観、味噌カツの歴史や特長についての説明を含むオリエンテーションを実施します。
マニュアル作成：調理手順、衛生管理、接客対応の標準作業手順書（SOP）を作成し、新入社員やアルバイトに配布します。
メンター制度：経験豊富なスタッフをメンターとして新入社員やアルバイトに割り当て、実践的なサポートを提供します。

実例
スターバックス：新入社員のトレーニングプログラムとして「コーヒーマスタープログラム」を導入し、専門知識と技術を効率的に習得させています。

2.現場での実践的な技術習得のための手法や研修内容
オンザジョブトレーニング（OJT）：実際の業務を通じてスキルを学びます。具体的には、味噌カツの調理や盛り付け、品質管理の実践を行います。
定期的なワークショップ：外部の専門家を招いて、調理技術や最新の食材管理方法についてのワークショップを開催します。
シミュレーション訓練：実際の調理場を模した環境で、トラブルシューティングや効率的な調理法を学びます。

(以下、中略)

総評
これらの具体的な提案と実例を参考に、人材育成のプログラムを構築し、技術向上や効率的な生産プロセスの確立を目指してください。特に、継続的なトレーニングとフィードバックの仕組みを取り入れることで、スタッフ全体のスキルとモチベーションが向上し、業務の効率化が図れるでしょう。

2 生産量拡大のための仕入計画

●目的
生産量の拡大に向けた仕入計画について、生成AIを活用します。このプロンプトでは、QCD（品質、コスト、納期）を重視します。

●QCD
　QCDは、Quality, Cost, Deliveryの略称で、仕入先選定の重要な指標です。
　Quality（品質）は、製品の信頼性と顧客満足度を左右し、ブランド価値向上に直結します。
　Cost（コスト）は利益率と価格競争力に影響し、適切な原価管理は事業の持続可能性を高めます。
　Delivery（納期）は生産計画の遵守と在庫最適化に不可欠で、市場対応力を向上させます。

●プロンプト

私のお店の味噌カツは、厳選素材の味噌と豚肉を使用し、ご当地グルメとして親しまれています。
これまでの活動により、味噌カツの生産量が増加してきました。
これに伴い、生産量拡大に向けた仕入れ計画について具体的な提案をいただきたいです。
特に、以下の点について具体的な提案をお願いします：

仕入れ量の見積もりと在庫管理方法
・生産量の増加に対応するための仕入れ量の見積もり方法
・効率的な在庫管理方法の提案

・原材料の調達先の選定方法や基準

調達先選定における品質（Q：Quality）、コスト（C:Cost）、納期（D：Delivery）の観点からの基準

具体的には以下の点に特に配慮：
・品質（Q：Quality）：品質や安全性への配慮
・コスト（C:Cost：コスト効率の向上を図るための戦略
・納期（D：Delivery）：納期の確保

具体例
・実際の企業や店舗での成功事例を踏まえた具体的な提案

上記の各ポイントについて、詳細かつ具体的な提案をお願いします。

●解説

　原材料の調達先の選定、仕入れ量の見積もり、在庫管理、品質と安全性、コスト効率の向上という具体的な提案をしています。
　実例を交えた提案を求めることで、現実的で実践的なアドバイスが得られることを期待できます。

●出力結果

1.仕入れ量の見積もりと在庫管理方法
生産量の増加に対応するための仕入れ量の見積もり方法

需要予測：
過去の販売データを分析し、需要の傾向を把握します。季節ごとの変動やイベント時の需要増加などを考慮します。
顧客フィードバックや市場調査を通じて、将来的な需要予測を行います。

安全在庫の設定：
需要の変動に対応するため、安全在庫を設定します。安全在庫の量は、供給チェーンのリードタイムや需要の変動幅を基に計算します。

例えば、月間需要が1000食で、リードタイムが10日、需要変動が±20%の場合、安全在庫は200食程度に設定します。

定期的な再評価：
需要予測と実際の販売量を定期的に比較し、仕入れ量の見直しを行います。新しいデータを反映して、予測の精度を向上させます。
効率的な在庫管理方法の提案

先入れ先出し（FIFO）：
古い在庫から順に使用することで、在庫の鮮度を保ち、廃棄を最小限に抑えます。

バーコード管理：
在庫の入出庫をバーコードで管理することで、リアルタイムで正確な在庫状況を把握します。これにより、過剰在庫や欠品を防ぎます。

在庫回転率のモニタリング：
在庫回転率を定期的にチェックし、回転率が低い場合は仕入れ量や販売促進策を見直します。

原材料の調達先の選定方法や基準
調達先選定における品質、コスト、納期（QCD）の観点からの基準

品質や安全性への配慮（Quality）：
厳格な品質基準を設け、定期的に調達先の品質管理体制を監査します。
例えば、味噌の発酵プロセスや豚肉の飼育環境を確認します。
食品安全認証（HACCPやISO22000など）を取得している調達先を優先します。

コスト効率の向上を図るための戦略（Cost）：
複数の調達先から見積もりを取り、コスト比較を行います。最安値の調達先を選ぶのではなく、品質と納期を考慮した上でコスト効率の良い選択をします。
長期契約やボリュームディスカウントを交渉し、コスト削減を図ります。

納期の確保（Delivery）：

リードタイムの短い調達先を選び、納期の安定性を確認します。納期遅延が少な
い実績を持つ調達先を優先します。

調達先とのコミュニケーションを密にし、納期の確認や調整を適時行います。

具体例

（以下、省略）

3 仕入先評価指標（QCD）

●目的

先ほどの事例と似ていますが、既存の仕入先に対する仕入先評価指標を求めます。

●仕入先評価指標

仕入先評価指標とは、仕入先（サプライヤー）のパフォーマンスを評価し、その信頼性や
適切なパートナーシップを判断するための基準や指標のことです。これにより、企業は最
適な仕入先を選び、安定した供給とコスト効率を確保することができます。評価指標は主
に3つの要素（QCD：Quality, Cost, Delivery）に基づいています。

・品質（Quality）：製品やサービスの品質の高さ
・コスト（Cost）：仕入れコストの競争力
・納期（Delivery）：納品のタイムリーさ

これらの指標を使い、仕入先の総合的なパフォーマンスを評価します。

企業と企業の取引であれば、QCDに関する評価指標という点は、常に意識している
と思います。現実的には、QCDの中身が時代とともに変化している、あるいは、業界に
よって異なります。取引先からの評価を受ける前に、内部的に評価、自主点検をしてお
くと良いでしょう。

今回は、単純に味噌カツのお店の事例としています。

●プロンプト

 私のお店の味噌カツは、厳選素材の味噌と豚肉を使用し、ご当地グルメとして親しまれています。
生産量の増加に伴い、既存の調達先の評価と改善が求められています。
具体的には、仕入先の品質、コスト、納期(Quality, Cost, Delivery:QCD)を基準に、信頼性の高いパートナーか判断するための仕入先評価指標の策定に関する提案をお願いします。

以下の点について具体的な提案をしてください：

・仕入先の品質評価方法や基準(Quality)：
・仕入先のコスト評価方法や交渉戦略(Cost)：
・仕入先の納期管理方法やリスク軽減策(Delivery)：

他店舗や業界の成功事例やベストプラクティス、失敗事例の紹介を紹介してください。

成功事例：他店舗や業界でのQCD管理の成功事例
失敗事例：QCD管理が不十分だった場合の失敗事例とその教訓

上記の各ポイントについて、詳細かつ具体的な提案をお願いします。

●解説

信頼性の高いパートナーか判断するための仕入先評価指標の策定について具体的な提案を求めています。

仕入先の品質、コスト、納期(QCD)を基準にした評価指標の策定についての具体的な提案を求めています。

また、成功事例やベストプラクティスだけでなく、失敗事例を交えたアドバイスを求めることで、多角的な視点からのアドバイスが期待できます。

●出力結果

 QCD（Quality, Cost, Delivery）を基準とした仕入先評価指標の策定

1.仕入先の品質評価方法や基準（Quality）
品質評価方法：
品質管理体制の評価：仕入先の品質管理システム（例：ISO9001、HACCP）を確認し、その実施状況を定期的に監査します。
定期検査：仕入れた原材料の品質を定期的に検査します。例えば、味噌の発酵度合いや豚肉の鮮度、衛生状態をチェックします。
サンプルテスト：新しい仕入先からの材料を初めて使用する前に、サンプルテストを行い、品質基準を満たしているか確認します。

品質基準：
基準値の設定：味噌の塩分濃度、豚肉の脂肪含有率など、具体的な品質基準を設定します。
合格／不合格基準：品質基準に基づき、合格／不合格の判定基準を設けます。基準を満たさない場合は即座に改善を求めるか、取引停止の措置を取ります。

2.仕入先のコスト評価方法や交渉戦略（Cost）
コスト評価方法：
価格比較：複数の仕入先から見積もりを取り、価格を比較します。ただし、価格だけでなく品質や納期も考慮します。
コスト分析：仕入れ価格の内訳を分析し、コスト削減の余地を探ります。例えば、仕入れ価格に含まれる輸送費用や保管費用を明確にします。

交渉戦略：
長期契約：安定した価格で仕入れを行うため、長期契約を締結します。これにより、仕入れ価格の変動リスクを抑えます。
ボリュームディスカウント：大量発注による割引を交渉し、コスト削減を図ります。
共同購入：他の店舗と共同で仕入れることで、スケールメリットを活用し、コスト削減を実現します。

3.仕入先の納期管理方法やリスク軽減策（Delivery）

納期管理方法：

納期遵守の実績評価：仕入先の過去の納期遵守率を評価し、実績が高い仕入先を優先します。

納期契約：納期に関する契約条項を明確にし、遅延が発生した場合のペナルティを設定します。

リアルタイム追跡：納品の進捗をリアルタイムで追跡できるシステムを導入し、納期管理を徹底します。

（以下、中略）

これらの事例を参考に、仕入先評価指標を策定し、QCD管理を徹底することで、安定した供給とコスト効率の向上を図ることができます。

4 品質管理計画　（シックスシグマ/DMAIC）

●目的

●シックスシグマとDMAIC（ディーマイク）

シックスシグマとは、モトローラ社により開発された品質管理のフレームワークです。この手法はプロセスの品質を向上させるための体系的なアプローチを提供します。

DMAICとは、シックスシグマの改善プロセスで使用される5つの段階から構成されるメソッドです。各段階は次のとおりです。

Define（定義）　　：問題や目標を明確にし、顧客の要求やプロジェクトの範囲を定義する。
Measure（計測）：現在のプロセスの性能を定量的に評価し、問題の範囲を特定する
Analyze（分析）　：問題の原因を特定し、データを分析して根本原因を明らかにする。
Improve（改善）　：問題を解決するための対策を開発し、実装してプロセスを改善する。
Control（管理）　：改善策の効果を監視し、持続的な改善を確保する。

このように、DMAICは問題解決とプロセス改善に焦点を当て、効果的な品質管理を実現します。

7-2 生産量拡大のための体制整備

品質管理のフレームワークでは、プロセスがはっきりと定義されています。そのため、生成AIは、そのプロセスに従って情報を提供することができます。

例えば、シックスシグマのDMAICプロセス (Define, Measure, Analyze, Improve, Control) は順番が決まっているので、生成AIはその順序に沿った情報を提供しやすいです。

生成AIは、最も確率が高いとされる回答を出力しますが、そのままでは実行可能な順序になっていないことがあります。しかし、明確なプロセスを持つことで、その順序を基に実用的な情報を得ることができます。今回紹介するDMAICのような、プロセスがはっきりしているフレームワークを活用することで、生成AIの情報をより効果的に活用できるようになります。

●プロンプト

 私のお店の味噌カツは、厳選素材の味噌と豚肉を使用し、ご当地グルメとして親しまれています。

最近、味噌カツの生産量が増加してきました。
この増加した生産量に伴い、品質管理計画の見直しと改善を検討したい。

シックスシグマ/DMAICを踏まえ、具体的な事例を挙げて、手順を詳細に示してください。

●解説

背景としては、味噌カツの生産量が増加したため、品質管理計画の見直しと改善が必要であるという点が明確に示されています。

この状況に対する、具体的な要求として、シックスシグマやDMAIC (Define, Measure, Analyze, Improve, Control) という手法を用いた具体的な事例と手順の提示が求められています。

また、「手順を詳細に示してください」と指示することで、実際に役立つ具体的かつ実践的なアドバイスを得られることが期待されています。

●出力結果

以下は、味噌カツ生産の品質管理計画の見直しと改善を行うためのシックスシグマ/DMAIC手順の具体的な例です。

Define (定義):
問題の定義:品質管理計画の見直しと改善が必要な理由を明確化する。例えば、増加した生産量により品質のばらつきが生じている可能性がある。
目標の設定:生産量の増加に伴う品質の確保や改善を目指す。

Measure (計測):
現状のデータ収集:生産プロセスにおける品質指標や生産量などのデータを収集する。
問題の特定:データを分析して品質の問題点を特定する。

Analyze (分析):
データ分析:品質問題の原因を特定するためにデータを分析し、ルート原因を特定する。
問題の原因分析:例えば、生産ラインの特定工程での不具合や素材の品質に起因する問題を特定する。

Improve (改善):
解決策の開発:ルート原因を解決するための改善策を開発する。例えば、生産ラインの改善や素材の選定基準の強化など。
実装:改善策を実際の生産プロセスに適用し、テストする。

Control (管理):
プロセスの監視:改善策の効果を監視し、品質管理計画が適切に実行されていることを確認する。
持続的な改善:定期的な監視と評価を通じて、品質管理プロセスを持続的に改善していく。

これらの手順を通じて、味噌カツの生産量増加に伴う品質管理計画の見直しと改善が行われ、品質の向上と生産効率の向上が実現されます。

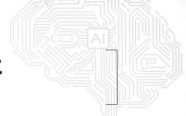

Section 3　ビジネスリスク管理と対策計画

1　仕様変更の管理（CCM）

●目的
　安定して生産している状態から製品の設計変更や材料変更、工程変更等を行う際、品質の不具合が発生することが懸念されます。B to B企業の場合、このような状況でどのようなチェックを行えば良いか、社内でルールを定めることが一般的です。生成AIを活用することで、様々な変更に伴うリスクを予測・評価し、品質管理に役立てることができます。

> **●CCM**
> 　CCM（Change Control Management）とは、設計、材料、工程等の変更を体系的に管理する手法です。その主な目的は、変更が品質やプロセスに与える影響を評価し、管理することで、リスクを最小限に抑えることです。
> 　CCMのプロセスは、次のステップで構成されます。
> 　まず、変更要求を提出し、次にその変更を評価し、計画を立てます。その後、承認を取得し、変更を実施します。最後に、変更の結果を検証し、監視し、記録と報告を行います。
> 　これにより、変更の可視化と追跡が可能になり、リスク評価とその緩和が行われ、関係者間の効果的なコミュニケーションが確立されます。CCMは設計、材料、工程のすべての変更をカバーし、品質管理の強化に貢献します。

●プロンプト

> 私のお店の味噌カツは、厳選素材の味噌と豚肉を使用し、ご当地グルメとして親しまれています。
>
> 最近、味噌カツの生産量が増加してきました。この増加した生産量に伴い、品質を維持しつつメニューの変更、材料の変更、工程の変更が必要です。これらの変更が品質やプロセスに与える影響を評価・管理するため、CCM（Change Control Management）を用いた品質管理を行いたいと考えています。
>
> 以下の点について、具体的な事例を挙げて、手順を詳細に示してください：

245

> ・メニュー変更の際のCCM手順
> ・材料変更の際のCCM手順
> ・工程変更の際のCCM手順
>
> 各変更に対するCCMのステップ:
> ・変更要求の提出方法
> ・変更の評価と計画
> ・承認の取得プロセス
> ・変更の実施とその後の検証
> ・変更の記録と報告方法
>
> また、実例を踏まえ、変更管理の成功事例も紹介してください。
> 具体的なガイドラインや標準プロセスについても参考にしてください。

●解説

メニュー変更や材料変更、工程変更の各項目について、具体的な手順を把握するために、CCMの手法を活用することができます。この手法は、変更内容に対する評価や承認、実施、検証、記録、報告までの変更管理の全プロセスを網羅しており、詳細な理解を促します。

また、理論だけでなく、実際の事例を示すことで理解が深まります。さらに、ガイドラインや標準プロセスについても参考にすることで、実践的な情報を得ることができます。

●出力結果

> 以下に、味噌カツの生産量増加に伴う変更管理手順について、具体的な事例と詳細な手順を示します。
>
> メニュー変更の際のCCM手順
> 事例
> ・新しい味噌ソースをメニューに追加する場合を想定します。

7-3 ビジネスリスク管理と対策計画

手順
変更要求の提出方法
・新メニューの提案書を作成し、CCM委員会に提出する。
・提案書には新ソースのレシピ、必要な材料、コスト、予想される売上などの情報を含める。

変更の評価と計画
・CCM委員会が提案書を評価し、品質やコスト、調達可能性を検討する。
・影響を評価した後、導入計画を策定する。計画には試作、味の検証、スタッフのトレーニングなどを含む。

承認の取得プロセス
・CCM委員会から承認を得るためのレビュー会議を開催。承認後、新メニューを導入するためのリソースを確保する。

変更の実施とその後の検証
・試作を実施し、品質検証を行う。
・顧客のフィードバックを収集し、必要に応じてレシピを微調整する。

変更の記録と報告方法
・変更履歴をドキュメントに記録し、定期的なレビューを実施。
・実施後の成果をCCM委員会に報告し、改善点を共有する。

材料変更の際のCCM手順
事例
・豚肉の供給元を変更する場合を想定します。

（以下、中略）

これらのプロセスを遵守することで、品質を維持しつつ生産量の増加に対応することが可能です。

2 不良品発生時の回収のためのトレーサビリティ

●目的

最近のニュースで、不良品回収の重要性が報じられていました。こうした場合、製品の流通経路を追跡するトレーサビリティが必要です。

●トレーサビリティ

トレーサビリティとは、製品や原材料の流通経路を追跡・遡及できる仕組みのことです。ビジネスにおいて、以下の理由から重要性が高まっています：

・**品質管理**：問題が発生した際に迅速な対応が可能になり、原因を特定することで被害を最小化し、信頼を回復することに寄与します。
・**法規制対応**：食品安全や製造物責任など、各種法令の遵守を証明するために必要です。
・**サプライチェーン最適化**：在庫管理や物流効率の向上に寄与し、コスト削減につながります。
・**消費者信頼の獲得**：製品の透明性が高まり、ブランド価値の向上に役立ちます。
・**リスク管理**：偽造品対策や製品リコールの効率化が図れます。

●プロンプト

私のお店の味噌カツは、厳選素材の味噌と豚肉を使用し、ご当地グルメとして親しまれています。

最近、ニュースで不良品の発生時の回収等が報道され、トレーサビリティの重要性を改めて認識しました。不良品が発生した場合に備え、購入者を追跡するための具体的な方法を検討したいと考えています。

以下の点について、実例を踏まえ、具体的な提案をしてください：

・購入者情報の収集方法と管理システムの導入
・トレーサビリティのためのバーコードやQRコード等の活用方法
・不良品発生時の迅速な対応手順とコミュニケーション方法
・実際にトレーサビリティを実施している企業の成功事例

これらのポイントについて、具体的な手順やシステムの導入方法、成功事例を交えながら提案してください。

●具体的な課題提起

不良品発生時のトレーサビリティの重要性を認識し、そのための具体的な方法を検討するという明確な目的が示されています。

- **詳細な要求**：購入者情報の収集方法や管理システム、バーコード、QRコードの活用方法、迅速な対応手順、成功事例といった具体的な項目について詳しく提案を求めており、包括的です。
- **実例の要求**：実例を挙げて提案するように求めているため、読者は実際の成功事例から学ぶことができます。
- **実践的なガイドライン**：手順やシステム導入方法について具体的な提案を求めており、実践的な内容に重点を置いています。

●出力結果

 以下に、具体的な提案を示します：

1.購入者情報の収集方法と管理システムの導入
ポイントカードシステム：
実例：コンビニチェーンのファミリーマートはTポイントカードを利用しており、顧客情報と購入履歴を収集しています。
導入方法：お店専用のポイントカードを発行し、顧客に利用を促します。POSシステムにポイント機能を連動させ、購入情報とともに顧客データを収集します。

オンライン注文システム：
実例：飲食チェーンのスターバックスはモバイルアプリを通じて顧客情報を収集し、カスタマイズされたサービスを提供しています。
導入方法：お店のECサイトやモバイルアプリを開設し、オンライン注文時に顧客情報を入力してもらいます。これにより、購入履歴をデータベースに保存し、必要時に参照できます。

2.トレーサビリティのためのバーコードやQRコード等の活用方法
QRコードの利用：
実例：農産物の直売所では、各製品に生産者情報を含むQRコードを貼付けており、消費者が簡単に追跡できるようにしています。
導入方法:味噌カツの包装にユニークなQRコードを印刷し、顧客がスマートフォ

ンでスキャンすると、製品の生産情報や原材料のトレーサビリティ情報を表示できるようにします。

バーコードシステムの導入：
実例：大手スーパーマーケットチェーンのイオンは、各商品のバーコードを活用して在庫管理や流通のトレーサビリティを実現しています。
導入方法：すべての商品にバーコードを付与し、出荷時や販売時にスキャンすることで、どのロットがどの店舗に配送されたかを追跡します。

3.不良品発生時の迅速な対応手順とコミュニケーション方法
アラートシステムの構築：
実例：食品メーカの明治は、不良品発生時に迅速に社内の関連部署へアラートを発信し、対応を開始しています。
導入方法：品質管理システムにアラート機能を組み込み、異常が検出された場合に関係者全員に自動通知が行くように設定します。

顧客通知：
実例：日本の大手通販サイトAmazonは、不良品発生時に顧客へ迅速にメール通知を行い、返品や交換の手続きを案内しています。
導入方法：収集した顧客情報を活用し、メールやSMSを通じて迅速に連絡を取ります。また、公式ウェブサイトやSNSでも情報を公開し、広く告知します。

4.実際にトレーサビリティを実施している企業の成功事例
キッコーマン：
実例：醤油メーカのキッコーマンは、製品にQRコードを印刷し、消費者が製品情報や生産履歴を確認できるようにしています。これにより、消費者の信頼を獲得し、品質管理も徹底されています。

コカ・コーラ：
実例：コカ・コーラ社は製品に一意のシリアル番号を付与し、製造から販売までの流通経路を詳細に追跡しています。これにより、不良品発生時には該当ロットを迅速に回収し、対応することが可能です。

これらのポイントを基に、具体的な手順やシステムを導入することで、トレーサビリティを強化し、不良品発生時の迅速な対応が可能となります。

3 リスクの予測（リスクマネジメント）

●目的
生成AIを用いて、リスクの予測（リスクマネジメント）を行います。生成AIは大量の学習データを持っているため、リスクの洗い出しに活用できます。

> ●リスクマネジメント
> リスクマネジメントとは、企業が直面する可能性のある脅威を特定し、そのリスクを評価して対策を講じるプロセスのことです。主な目的は、事業の継続性を確保し、価値を最大化することです。
> 効果的なリスクマネジメントは、単に危機対応力を高めるだけでなく、新たなビジネスチャンスの発見にもつながります。また、ステークホルダーからの信頼を得ることや、企業価値の向上にもつながります。

●プロンプト

私のお店の味噌カツは、厳選素材の味噌と豚肉を使用し、ご当地グルメとして親しまれています。

ECサイトでの売り上げの拡大に伴い、豚肉の仕入先を追加することになりました。

新しい仕入先を追加する際のリスクを洗い出し、リスクマネジメントを行ってください。特に以下の点に焦点を当てて提案してください：

・新しい仕入先の信頼性や品質の問題（Q）
・価格変動による原材料コストの増加（C）
・供給チェーンの中断や遅延による生産への影響（D）
・新しい仕入先との契約違反や紛争のリスク
・その他のリスク（例：食品安全性や法的コンプライアンス）

これらのリスクについて、各種手法を使用して分析し、実例を踏まえ、よく考えて具体的にリスク対応策を提案してください。

●解説

このプロンプトには明確な目的と背景が示されています。

- **明確な目的と背景**：味噌カツの特徴とECサイトでの売上拡大という背景が明確にされています。
- **具体的なリスクの提示**：リスクの提示も具体的であり、信頼性・品質（Q）、価格変動（C）、供給チェーン（D）、契約リスク、その他のリスク（食品安全性や法的コンプライアンス）といった、分析すべき具体的なリスク項目が示されています。

各リスクについては、どのように分析し、どのような対策を講じるべきかを、実例を交えて提案するように示されています。このようにリスクを深く理解し、具体的な対応策を考えることが指示されています。

●出力結果

1.新しい仕入先の信頼性や品質の問題（Q）
リスク
- 新しい仕入先が提供する豚肉の品質が低い場合、味噌カツの品質が低下し、顧客の満足度や評判に悪影響を及ぼす可能性があります。
- 仕入先が一貫して高品質の豚肉を供給できない場合、生産に支障が出る可能性があります。

リスク対応策
- 仕入先の評価と選定：仕入先の過去の実績、顧客レビュー、認証（ISO、HACCPなど）を調査し、信頼性の高い業者を選定します。
- サンプルテスト：実際に豚肉のサンプルを取り寄せ、品質テストを行います。試験的に少量を仕入れ、品質を確認します。
- 定期的な品質チェック：定期的に仕入先からの豚肉の品質をチェックし、不良品が出た場合の対応方法を事前に取り決めておきます。

2.価格変動による原材料コストの増加（C）
リスク
- 市場の変動によって豚肉の価格が上昇し、原材料コストが増加する可能性があります。

リスク対応策

- 長期契約の締結：仕入先と長期契約を結び、価格の安定性を確保します。
- 複数仕入先の確保：複数の仕入先を確保し、価格交渉の余地を持たせます。価格が急騰した場合に備え、予備の仕入先を用意します。
- ヘッジ取引の利用：必要に応じて先物取引などのヘッジ手段を利用し、価格変動リスクを軽減します。

3.供給チェーンの中断や遅延による生産への影響（D）

リスク

- 天候、自然災害、輸送の問題などにより、供給チェーンが中断し、豚肉の供給が遅延する可能性があります。

リスク対応策

- 在庫の適正管理：ある程度の在庫を確保し、供給が一時的に停止した場合にも対応できるようにします。
- 代替仕入先の確保：メインの仕入先が供給できない場合に備え、代替の仕入先を複数確保します。
- 供給チェーンの可視化：供給チェーン全体を可視化し、リスクが発生した場合に迅速に対応できる体制を整えます。

（以下、中略）

これらのリスク対応策を実施することで、新しい仕入先の追加に伴うリスクを効果的に管理し、品質の高い味噌カツの提供を続けることができるでしょう。

4 リスク影響度評価（RIA）

●目的

生成AIを活用することで、多数のリスクとなるケースを出力させることができます。これらのリスクの影響度を評価し、優先順位を判断する際の参考にします。

> ●リスク影響度評価（RIA）
>
> リスク影響度評価（RIA：Risk Impact Assessment）とは、プロジェクトや事業におけるリスクの影響を定量的または定性的に評価する方法です。RIAを使用することで、リスクがプロジェクトや事業に与える影響の大きさを理解し、リスク管理の優先順位や対応策の選定に役立てます。
>
> 影響度は一般的に、「低」「中」「高」の3段階で評価され、そのリスクがもたらす損失や問題の重大さを示します。RIAはリスク管理プロセスの一部として実施され、プロジェクトの成功や事業の持続性に対するリスクの影響を評価するための重要なツールです。

●プロンプト

> 上記の各リスクについて、リスク影響度評価（Risk Impact Assessment, RIA）を行ってください。以下のステップに従って詳細に評価し、対応策を提案してください：
>
> ・リスク識別：各リスク項目に対して具体的なリスクシナリオを識別してください。
> ・影響度評価：識別したリスクシナリオに対して、次の観点から影響度を評価してください。
> ・確率（低、中、高）：リスクが発生する可能性の高さ
> ・影響（軽微、中程度、重大）：リスクが発生した場合のビジネスへの影響の大きさ
> ・リスク優先順位付け：影響度評価の結果に基づいて、リスクの優先順位を決定してください。特に優先的に対応すべきリスクを明確にしてください。
> ・対応策の提案：優先順位が高いリスクに対して、具体的なリスク対応策を提案してください。対応策は次の4つのカテゴリーに分類してください。
> ・回避：リスク発生の可能性を排除するための措置
> ・低減：リスクの影響度や発生確率を低減するための措置
> ・転嫁：リスクの影響を第三者に転嫁するための措置（例：保険、契約）
> ・受容：リスクを受け入れる場合の措置（例：影響の軽減、緊急時対応計画）
> ・モニタリングとレビュー：提案した対応策の効果を定期的にモニタリングし、必要に応じて見直しを行う計画を立ててください。

各ステップについて具体的な方法と実例を交えながら、詳細に評価を行い、結果を報告してください。

●解説

リスク影響度評価の手順を明確にし、各ステップで必要な詳細情報を提供することで、リスク評価と対応策の提案もより具体的かつ実用的に改善しています。

このプロンプトはリスク影響度評価（Risk Impact Assessment, RIA）の手順を体系的に示しています。評価プロセスを進めるためのガイドラインを提供しています。

評価基準を明確にし、具体的な対応策をわかりやすく分類して提供しているのでとても役立ちます。特に、以下のポイントにおいて効果的なプロンプトといえます。

①評価基準の明確化

リスクの確率（低、中、高）と影響（軽微、中程度、重大）を明確に評価することで、リスクの重大性を客観的に判断できます。

②リスクの優先順位付け

影響度評価の結果に基づいてリスクの優先順位を決定し、重要なリスクに焦点を当てた対応が可能になります。

③具体的な対応策の提案

リスク管理を回避、低減、転嫁、受容の４つのカテゴリーに分類し、それぞれに対応策を提案することで、包括的なリスク管理が実現します。

④モニタリングとレビュー

提案した対応策の効果を定期的にモニタリングし、必要に応じて見直しを行う計画を立てることで、継続的なリスク管理を強化されます。

さらに、各ステップで具体的な方法や実例を示すことで、実践的で現実に即した評価が行えるようになります

●出力結果

 リスク影響度評価（Risk Impact Assessment, RIA）

1. 新しい仕入先の信頼性や品質の問題（Q）

リスク識別：
- 新しい仕入先が品質の低い豚肉を提供する可能性
- 一貫した品質を保てない可能性
- 偽装や不正行為のリスク

影響度評価：
- 確率：中
- 影響：重大

リスク優先順位付け：
- 優先度：高

対応策の提案：
- 回避：信頼性の高い既存の仕入先を優先する
- 低減：仕入先の評価と監査を定期的に実施、厳格な品質管理基準を設ける
- 転嫁：品質保証契約を結び、違反時の補償を明記
- 受容：・品質問題が発生した場合の緊急対応計画を策定

モニタリングとレビュー：
- 定期的な品質チェックと評価報告
- 年次見直し会議を設定

（以下、中略）

この評価に基づき、リスクの発生を最小限に抑えつつ、効果的なリスク管理を実施していくことができます。

7-3 ビジネスリスク管理と対策計画

5 エスカレーションモデルの作成

●目的

緊急時の事業継続のため、BCPやBCMを活用して対策案を立案します。

●エスカレーションモデル

エスカレーションモデルとは、組織内で問題解決や意思決定を行うための枠組みです。一般には、問題が発生した際は、まず低レベルの担当者が対処を試みます。しかし、問題が解決できない場合や重大な問題の場合には、上位の管理者や専門家に問題がエスカレートされます。このプロセスは、問題解決の速度や効率を向上させるために利用されます。エスカレーションの適切なタイミングや担当者の判断が重要です。

エスカレーションモデルには、問題の進行状況を監視し、必要に応じて上位管理者や関係者に通知するための明確な手順やプロセスが含まれます。このモデルは、組織内のコミュニケーションや問題解決の効率を向上させ、組織全体の業務プロセスを効果的に支援します。

●プロンプト

私のお店の味噌カツは、厳選素材の味噌と豚肉を使用し、ご当地グルメとして親しまれています。ECサイトで味噌カツを販売しています。食中毒などの緊急事態に備え、あらかじめエスカレーションモデルを準備しておきたいと考えています。下のケーススタディを例に、実例を踏まえ、よく考えて具体的なプロセス、実施事項を提案してください。また、成功事例、失敗事例も示してください。

想定ケース
緊急事態の種類や発生原因に関する情報：
・ECサイトのお客様からの食中毒報告
・商品の不具合や品質問題の報告

エスカレーションモデルの目的や範囲：
・迅速かつ適切な対応を行い、顧客の安全を確保する
・必要に応じて社外へ告知し、透明性を保つ

各段階での担当者や連絡先の明確な指定：
・初期対応：お客様相談センター（連絡先：xxx-xxxx-xxxx）
・二次対応：広報部長（連絡先：xxx-xxxx-xxxx）

> ・最終対応：社長および役員（連絡先：xxx-xxxx-xxxx）
>
> 顧客からの報告を受け取る手段やプロセス：
> ・お客様相談センターによる電話およびメールでの報告受理
> ・報告内容を迅速に関係部署にエスカレーション
>
> 具体的なプロセスと実施事項：
> ・緊急事態の初期対応手順（例：顧客への初期対応、事実確認）
> ・二次対応手順（例：広報部門によるメディア対応、情報収集と分析）
> ・最終対応手順（例：経営陣による最終決定、社外への公式発表）
>
> 成功事例、失敗事例：
> ・他社の成功事例や失敗事例を基にした実践的な学び
>
> エスカレーションモデルの各ステップについて具体的な方法と実例を交えながら、詳細に評価を行い、結果を報告してください。また、モデルの定期的な訓練とレビュー計画も提案してください。

● **解説**

生成AIを用いて、問題発生時にどのような対応をすべきかをあらかじめ検討しておくことができます。また、生成AIを活用することで、成功事例や失敗事例を把握することができます。

● **出力結果**

 エスカレーションモデルの構築

想定ケース

（以下、中略）

具体的なプロセスと実施事項
1. 緊急事態の初期対応手順
　・顧客への初期対応：
　　　・感染症や異物混入の詳細を確認し、顧客の安全を最優先にする

7-3 ビジネスリスク管理と対策計画

- ・必要に応じて医療機関への受診を勧める
- ・問題の詳細を記録し、迅速に関係部署に報告
- ・事実確認：
  - ・問題の発生源を特定し、必要に応じて製造・供給チェーンを調査
  - ・該当商品の回収を迅速に行う

2.二次対応手順
- ・広報部門によるメディア対応：
  - ・問題の状況を正確に把握し、プレスリリースを準備
  - ・メディア対応方針を策定し、質問に対する回答を用意
- ・情報収集と分析：
  - ・問題の影響範囲を調査し、関係各所への情報提供
  - ・問題の再発防止策を検討

3.最終対応手順
- ・経営陣による最終決定：
  - ・必要な対応策を決定し、全社員に周知徹底
  - ・社外への公式発表を行い、透明性を確保
- ・社外への公式発表：
  - ・顧客や取引先への通知を行い、信頼回復に努める
  - ・今後の対応策や改善計画を明示

成功事例と失敗事例
- ・成功事例
  - ・食品メーカーＡ社：食中毒事件が発生した際、迅速に全商品の回収と顧客への医療費補償を行い、広報活動を通じて透明性を保った結果、顧客の信頼を取り戻すことができた
- ・失敗事例
  - ・飲料メーカーＢ社：異物混入問題が発生した際、初期対応が遅れ、顧客への説明が不十分だったため、信頼を失い、売上に大きな影響を与えた

モデルの定期的な訓練とレビュー計画
- ・定期的な訓練：
  - ・半年に一度のエスカレーションモデル訓練を実施し、全社員が迅速に対応できるようにする
  - ・各部署ごとのロールプレイング訓練を行い、実践的な対応力を養成

・レビュー計画：
　・毎年のモデルの見直しを行い、改善点を反映
　・緊急事態発生時の対応結果をフィードバックし、モデルの精度を高める

このエスカレーションモデルは、具体的なプロセスと実施事項を明示し、成功事例と失敗事例を交えることで、実践的な学びと効果的な対応策を提供します。定期的な訓練とレビュー計画を通じて、モデルの有効性を持続的に向上させることが可能です。

6 リスクに備えた体制整備（BCP、BCM）

●目的

　緊急時の事業継続のため、BCPやBCMを活用して対策案を立案し、リスクに備えた体制を整えます。

●BCPとBCM
○BCP（Business Continuity Plan：事業継続計画）とは、企業が災害や事故などの緊急事態に直面した際に、重要な業務を中断することなく継続できるようにするための計画のことです。目標は、企業の存続と早期復旧を確保することです。BCPには以下の要素が含まれます。

・**リスク評価**：リスクを想定して、その影響を評価する
・**重要業務の特定**：事業の遂行に必要な業務を明確にする
・**復旧手順**：緊急事態発生後に、いかに業務を復旧させるかの手順を策定する
・**緊急対応プロセス**：緊急事態の際の対応手順を定める

○BCM（Business Continuity Management：事業継続管理）とは、BCPを策定し、運用するための包括的な管理プロセスのことです。BCMには以下の組織全体の業務継続性を確保するためのフレームワークを提供します。BCMの目的は、事業継続のための準備、対応、復旧の全プロセスを効果的に管理することです。

・**計画の作成**：BCPの立案および文章化を行う
・**実施**：計画に基づく実行および運用を担当する
・**評価**：実施した結果を評価し、必要があれば改訂を行う
・**見直し**：定期的に計画を見直し、必要があれば改訂を行う

7-3 ビジネスリスク管理と対策計画

●プロンプト

私のお店の味噌カツは、厳選素材の味噌と豚肉を使用し、ご当地グルメとして親しまれています。
ECサイトで、味噌カツを販売しています。食中毒等の非常事態に備え、リスクに備えた体制整備（BCP、BCM）を準備し、重要な業務を中断することなく続行できるようにしたいと考えています。

以下の点について、実例を踏まえ、具体的に提案してください：

リスク評価と重要業務の特定
・食中毒の発生や供給チェーンの中断など、具体的なリスクの特定
・それぞれのリスクが業務に与える影響の評価

緊急対応プロセスの策定
・非常事態が発生した場合の具体的な対応手順
・役割分担と責任者の明確化

復旧計画の立案
・業務の早期復旧を図るための具体的な手順
・代替手段やリソースの確保

コミュニケーション計画
・従業員、顧客、取引先など関係者への情報伝達手順
・社内外への迅速な告知方法

訓練とシミュレーション
・BCP/BCMの効果を高めるための定期的な訓練
・シミュレーションによる緊急対応プロセスの検証
・具体的な事例を含めて、これらのポイントに基づいた提案を行ってください。

●解説

　BCP、BCMの視点に基づき、生成AIを活用してリスクに備えた準備をすることができます。

●出力結果

私のお店の味噌カツは、厳選素材の味噌と豚肉を使用し、ご当地グルメとして親しまれています。
ECサイトで、味噌カツを販売しています。食中毒等の非常事態に備え、リスクに備えた体制整備（BCP、BCM）を準備し、重要な業務を中断することなく続行できるようにしたいと考えています。

以下の点について、実例を踏まえ、具体的に提案します。

1.リスク評価と重要業務の特定
リスクの特定
・食中毒の発生：原材料の汚染、調理過程の問題、保存方法の不適切さ。
・供給チェーンの中断：原材料の供給停止、物流の遅延。
・システム障害：ECサイトのダウン、決済システムの不具合。

リスクの影響評価
・食中毒：顧客の健康被害、ブランドの信用失墜、法的責任。
・供給チェーンの中断：生産停止、販売機会の喪失、売上減少。
・システム障害：顧客の注文不能、売上減少、カスタマーサポートの負担増加。

2.緊急対応プロセスの策定
対応手順
・食中毒発生時：
・すぐに商品販売を停止し、原因を調査。
・影響を受けた顧客に連絡し、医療機関の受診を促す。
・保健所や関連機関への報告。

供給チェーンの中断時：
・代替供給先の確保。
・在庫の再確認と管理。
・顧客への遅延通知と代替商品提案。

システム障害時：
・速やかなIT部門への連絡と復旧作業の開始。
・影響範囲の特定と顧客への情報提供。

・代替注文手段の確立（電話注文など）。

役割分担と責任者
・社長：全体統括、重要決定の承認。
・役員：各部門の指揮、リスク対応の調整。
・広報部長：顧客やメディアへの情報発信。

3. 復旧計画の立案
復旧手順
・食中毒対策：原材料の検査、調理設備の清掃・消毒、従業員の再教育。
・供給チェーン復旧：代替供給先の確保、物流ルートの見直し。
・システム復旧：バックアップの利用、システムの再設定、セキュリティの強化。

代替手段とリソースの確保
・代替供給先リスト：複数の仕入れ先を確保し、常に更新。
・IT バックアップシステム：定期的なバックアップとクラウドサービスの利用。

4. コミュニケーション計画
情報伝達手順
・従業員：緊急連絡網の整備、定期的な訓練。
・顧客：公式サイト、メール、SNS を利用した迅速な情報提供。
・取引先：定期的なリスク情報の共有と連携強化。

社内外への告知方法
・プレスリリース：広報部長が迅速に作成、配信。
・顧客通知：メールや EC サイトの通知機能を活用。

5. 訓練とシミュレーション
訓練の実施
・定期訓練：各リスクシナリオに基づくシミュレーション訓練を年に2回実施。
・シミュレーション：実際の緊急事態を模した訓練で対応能力を検証。

成功事例と失敗事例

成功事例
・某食品メーカ：食品のリコールが発生した際、迅速な対応と透明な情報公開により顧客の信頼を維持。

失敗事例
・某飲料メーカ：食中毒発生時に対応が遅れ、情報提供が不十分であったため、ブランドイメージが大きく損なわれた。

このように具体的なプロセスと実施事項を整備することで、リスクに備えた体制を強化し、非常時においても重要な業務を継続できるようになります。

7 キーパーソンの突然の退職に備える

●目的

先ほどの事例は、食中毒に関するものでした。
一方、BCPやBCMに基づく、事業や業務のサービスの継続という観点で、職場のキーパーソンが退職するようなケースでも対策を立案することが可能です。

 リスクの洗い出しに、BCPやBCMを使用することについてどう思いますか？

 BCP（Business Continuity Plan）とBCM（Business Continuity Management）は、企業がリスクを特定し、対応策を講じるために非常に有効な手法です。これらの手法を使用することで、企業は災害や予期しない事態に対する準備を整え、ビジネスの継続性を確保することができます。

最近、テレビやインターネット等のあらゆるところで転職の広告を見かけます。実際に転職する人も多く、職場のキーパーソンが突然退社するケースも各地で多く見られるのではないでしょうか。

7-3 ビジネスリスク管理と対策計画

●プロンプト

 私のお店の味噌カツは、厳選素材の味噌と豚肉を使用し、ご当地グルメとして親しまれています。現在、チェーン店を5つ展開しています。

Aさんは、私たちのチェーンのメニューを開発しているキーパーソンですが、自分のお店を出したいということで、半年後に退職します。

BCM（ビジネス継続管理）、BCP（事業継続計画）の視点より、当チェーンの業務サービスの継続のため、Aさんからノウハウを引き継ぐことや各所への連絡事項等、この半年の間にすべきことを30項目列挙してください。
実例を踏まえ、よく考えて具体的に提案してください。

●解説

単純なプロンプトですが、多くのリスクを列挙して出力することが可能です。さらに、再生成（Regenerate）すると、多くの例を出力します。担当者がいなくなってからでは聞けないので、生成AIを活用して考えられる限りの想定リスクを出力し、後で困らないように準備しましょう。

●出力結果

 提案内容：

メニュー開発マニュアルの作成
・Aさんのレシピや調理手順を文書化。

重要レシピの動画撮影
・Aさんが実際に調理する様子を録画し、後任が見られるようにする。

調理技術のトレーニング
・Aさんによる調理技術の直接指導を実施。

後任者の選定
・メニュー開発の後任者を早期に決定し、引き継ぎを開始。

ノウハウ共有セッション
・定期的にＡさんと後任者でノウハウ共有会議を実施。

レシピの電子データ化
・すべてのレシピと手順を電子データとして保存。

調理器具の使用方法マニュアル
・使用している調理器具の使い方を文書化。

食材の仕入先リスト
・重要な食材の仕入先情報を整理し、リスト化。

（以下、省略）

8 材料供給に支障がある場合の対策計画の立案

●目的
　ニュース等で、半導体の供給不足や鳥インフルエンザによる卵の供給不足等、材料や部品の供給リスクが報道されています。
　味噌カツを提供する飲食店でも、このような食材の供給不足に備える必要があります。

●プロンプト

私のお店の味噌カツは、厳選素材の味噌と豚肉を使用し、ご当地グルメとして親しまれています。現在、チェーン店を5つ展開しています。
厳選素材の味噌と豚肉の供給リスクに備えたいと考えています。
BCM（ビジネス継続管理）、BCP（事業継続計画）の視点より、当チェーンの業務サービスの継続のため、材料供給に支障がある場合の対策計画を立案したいです。
実例を踏まえ、よく考えて具体的に提案してください。

●解説
　ニュースでは、材料不足に対して十分な準備をしており、同業他社が材料不足で生産できない状況の中、あらかじめ準備を講じておき、シェアを拡大した企業の事例が紹介されていました。
　生成AIを活用することで、様々な供給リスクのケースに備えることが可能です。

●出力結果

 提案内容：

代替供給業者の選定
現在の供給業者に問題が発生した場合に備え、同等の品質を持つ代替供給業者をリストアップ。

供給業者との契約見直し
契約書に供給保証条項を追加し、供給が途絶えた場合のペナルティや代替措置を明記。

在庫の適正管理
必要な食材の安全在庫レベルを設定し、供給停止に備えた在庫管理を強化。

多様な仕入れルートの確保
複数の仕入れルートを確保し、1つの供給源に依存しない体制を整備。

供給リスクのモニタリング
供給業者の状況を定期的にモニタリングし、リスクを早期に発見。

緊急時の調達計画
緊急時に即座に調達できるように、予め緊急調達計画を策定。

品質チェックの強化
代替業者からの供給品についても、従来と同等の品質基準を設定し、定期的な品質チェックを実施。

定期的な訓練とシミュレーション
供給停止のシナリオを想定した訓練やシミュレーションを定期的に実施し、スタッフの対応能力を高める。

リスクコミュニケーションの確立
供給業者と定期的なコミュニケーションを行い、リスク情報を共有。

情報システムの強化
供給状況をリアルタイムで把握できる情報システムを導入。

緊急時の代替メニューの開発
供給が困難になった場合に提供できる代替メニューを予め開発。

(以下、省略)

9 もし、ライバル店が近くに出店したら

●目的
いろいろな店舗を見ていると、すぐ近くにライバル店が出店することがあります。このような状況は想定できるケースなので、生成AIを活用して事前に対策を検討しておくことが重要です。

●プロンプト

私のお店の味噌カツは、厳選素材の味噌と豚肉を使用し、ご当地グルメとして親しまれています。現在、チェーン店を5つ展開しています。

もし、ライバル店が近くに出店した場合のリスクに備えたいと考えています。

BCM（ビジネス継続管理）、BCP（事業継続計画）の視点より、当チェーンの業務サービスの継続のため、ライバル店が近くに出店した場合のリスクへの対策計画を立案したいです。

実例を踏まえ、よく考えて具体的に対策を提案してください。

●解説

この場合は、ライバル店の出店というリスクに対する対策を検討する観点のプロンプトです。その前に、売り上げ向上を目指し、ライバル店が近くに出店しないようにするか、もしくは、出店しても競争に負けない状態を作ることが重要です。

●出力結果

ライバル店出店リスクに備える対策計画

1.市場調査と競合分析
現状分析：ライバル店のメニュー、価格設定、立地、顧客層などを詳細に調査します。
顧客ニーズ調査：顧客アンケートやフィードバックを通じて、自店の強みや改善点を把握します。
競合分析：SWOT分析（強み、弱み、機会、脅威）を用いて、ライバル店との比較を行います。

2.ブランド強化
品質保証：厳選素材の味噌と豚肉の品質を維持・向上させるための品質管理システムを導入します。
ブランドストーリー：味噌カツの起源や厳選素材へのこだわりを訴求するマーケティングキャンペーンを展開します。

3.顧客ロイヤルティプログラム
会員制度の導入：ポイントカードやアプリを利用した会員制度を導入し、リピーターを増やします。
特典の提供：会員限定の割引や特典を提供し、顧客満足度を向上させます。

4.プロモーション戦略
キャンペーンの実施：新商品発売や季節ごとのキャンペーンを展開し、話題性を高めます。
広告展開：SNSや地域紙、ラジオ広告を活用し、幅広い層への認知度を向上させます。

（以下、省略）

10 「if (もし〜なら) から始まる質問」 をする

●目的

　生成AIに「ifから始まる質問」をすることで、リスクの予測、多面的な視点の提供、仮説的なシナリオの検討、意思決定のサポート等、様々な場面で役立ちます。以下にそのポイントを解説します。

❶リスク管理とシミュレーション

　リスク管理の観点から、予想外の事態やリスクに対するシミュレーションが可能になります。これにより、潜在的なリスクやその影響を評価することができます。

　ビジネスの継続性の観点では、1つ前のBCP、BCMに着目したプロンプトが効果的ですが、「ifから始まる質問」は、次のような失敗の原因を推定する場合にも役立てることができます。

 もし、このプロジェクトが失敗したとしたら、その原因は何だと思いますか？

　逆に、次の質問によって、KSF (重要成功要因) を把握し、そこを強化することもできます。

 もし、このプロジェクトが成功したとき、KSFは何でしょうか？

●KSF (Key Success Factor：重要成功要因)
KSFとは、プロジェクトやビジネスが成功するために欠かせない要素のことです。KSFをおさえることは、ビジネスやプロジェクトの成功に直結します。KSFを見極め、それを強化することで、競争力を高め、目標達成が容易になります。成功するためには、まず自分たちにとってのKSFを理解し、見極め、それを戦略的に活用することが重要です。

---

❷仮想的なシナリオの検討、意思決定のサポート

　生成AIは現実的ではない仮定やシナリオ、重要な意思決定を行う際に、様々な選択肢やその結果を比較・検討できます。これにより、ユーザーは実際に行動を起こす前に、複数の可能性を検討することがきます。

もし、この戦略を採用するとどうなりますか？
もし、コストを10％削減するために一部の機能を省略したら、顧客満足度にどのような影響がありますか？
もし、新製品を来月ではなく半年後に発売したら、どのような影響がありますか？

❸クリエイティブなアイデアの創出

「ifから始まる質問」は、生成AIに対して想像力を働かせるトリガーとなります。これにより、新たなアイデアやアプローチを発見する手助けとなります。

もし、予算が無限にあったらどうなりますか？
もし、時間が無限にあったらどうなりますか？
もし、我々の製品がまったく違うターゲット層を狙うとどうなりますか？
もし、技術的な制約がなくなったらどのような解決策がありますか？
もし、技術的な制約がなくなったらどのような製品ができますか？
もし、「猫型ロボット」がいたらどのような解決策を提案しますか？

最後の「猫型ロボット」のプロンプトは、技術的な障害がなくなった場合のアイデア出しとして活用することができます。ただし、「タイムマシンの使用は不可とする」との制限要件が必要です。

❹学習と理解の深化

「ifから始まる質問」は、仮説検証の形で学習や理解を深める手助けになります。様々な問題を投げかけ、その回答を得ることで、机上でのフィードバックを重ね、学習効果を高めることができます。

もし、すべての救急車が有料となったら、どのような変化が起こるでしょうか？

この質問により、救急車が無料であることのメリットや重要性を学習することができます。

もし、公立学校がすべて廃止され、私立学校のみになったら、教育格差はどう広がるでしょうか？

　この質問により、公立教育の意義や教育における機会の平等性、そして教育政策の重要性について理解することができます。

❺別の可能性を探る
　例えば、日々の業務で以下の質問を行うことで、新しい可能性や改善点を発見できます。これらの事例を用いて、業務や戦略の見直し、他の方法がないか検討するために「ifから始まる質問」を活用することで、新たなアプローチや改善点を見つける手助けとなります。

もし、このタスクを別の方法で行ったら、時間を短縮できるのでは？
もし、チームを再編成したら、プロジェクトのスピードが上がるのでは？
もし、このプロセスを自動化できたら、コスト削減が可能では？
もし、異なるターゲット層にアプローチしたら、売上が増加するのでは？
もし、この機能をシンプルにしたら、顧客満足度は向上するのでは？

　「ifから始まる質問」は、生成AIの活用として非常に有効です。リスク管理、意思決定、クリエイティブなアイデアの創出、そして学習の深化など、多岐にわたる効果を発揮します。「もしこうしたらどうなるか？」という問いかけによって、生成AIは仮想シナリオの検討や潜在的な可能性の探索をサポートし、より良い戦略や解決策の発見につながります。このアプローチを活用することで、ビジネスにおける柔軟で先見性のある思考を育むことが可能となります。

第8章

問題解決のための
プロンプト

　私たちビジネスパーソンは、日々、業務上の問題を解決しています。本章では、その問題解決に生成AIを活用する方法について解説します。生成AIは、質問に対して確率的に最も適切な答えを出力するツールです。日常業務における思考を補完し、ビジネス上の問題解決を支援するツールとして活用することを目指しています。

Section 1 問題解決への取り組み方

　生成AIを用いて、原因分析や仮説立案、解決案の作成といった問題解決を行いたいというニーズがあると思います。筆者は、こうした問題解決のプロセスに生成AIを取り入れることを考えました。

1 問題解決のプロセス

　筆者は、以下の6ステップで仮説を立案し、仮説に基づいて解決策を立案しています。

図1　筆者の問題解決の思考の流れ

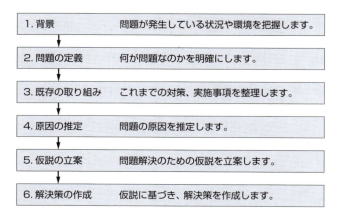

　この思考プロセスを活用して、生成AIによる問題解決を目指すため、次のプロンプトを作成する手順を考案しました。

2 問題解決のためのプロンプト

　このプロンプトは、特定の問題を解決するために、上記の問題解決のプロセスを使用して情報を整理し、対話形式で進める手順を示しています。
　プロンプトでは、最初に思考プロセスを宣言し、次にわかっている情報を記述します。
　生成AIの動作としては、与えた情報を思考プロセスのフレームワークの各カテゴリに適用し、必要に応じて不足する情報をこれまでに学習した情報から推定して補足します。生成AIは情報を整理しつつ、推定します。
　その後、この思考プロセスに従って、生成AIと1ステップずつ、やり取りを進めていきます。

#今回のプロンプトの進め方
現在直面している問題を効果的に解決するために、以下のフレームワーク#問題解決のためのフレームワークを活用します。
このフレームワークは、段階的なアプローチを通じて問題の本質を明らかにし、適切な解決策を導き出すことを目的としています。
各ステップにおいて提供された情報（#提供情報）を分類し、不足する情報があれば、私に確認してください。
また、必要に応じて、不足する情報をこれまでに学習した知識から推定して補完してください。
問題解決プロセスは、フレームワークの各項目に沿って進め、一歩ずつ確実に進行するものとします。

#問題解決のためのフレームワーク
1.背景
2.問題の定義
3.既存の取り組み
4.原因の推定
5.仮説の立案
6.解決策の提案

#提供情報
わかっている情報を書きます。

3 問題解決のためのプロンプトの活用

●目的

前項で説明した「問題解決のためのプロンプト」を活用し、売り上げ低下の原因を分析し、仮説を立て、解決策を導き出します。

●プロンプト

#今回のプロンプトの進め方
現在直面している問題を効果的に解決するために、以下のフレームワーク#問題解決のためのフレームワークを活用します。

このフレームワークは、段階的なアプローチを通じて問題の本質を明らかにし、適切な解決策を導き出すことを目的としています。
各ステップにおいて提供された情報(#提供情報)を分類し、不足する情報があれば、私に確認してください。

また、必要に応じて、不足する情報をこれまでに学習した知識から推定して補完してください。
問題解決プロセスは、フレームワークの各項目に沿って進め、一歩ずつ確実に進行するものとします。

#問題解決のためのフレームワーク
1.背景
2.問題の定義
3.既存の取り組み
4.原因の推定
5.仮説の立案
6.解決策の提案

#提供情報
私は、味噌カツのお店を経営しています。
私のお店の味噌カツは、厳選素材の味噌と豚肉を使っているのが特徴で、ご当地グルメとして親しまれています。
現在、売り上げが20%低下し、困っています。
これまでに、クーポンの配布、SNS広告を試みました。

> 食材は同じものを使っており、味は落ちていません。
> 店員10名のうち、半分の5名が入れ替わりました。

● 解説

今回は、生成AIに情報を整理し、推定するプロセスを組み込んでいます。そのため、情報提供の8項目すべてを提供する必要はありません。とはいえ、現在の状況やこれまでの取り組み等については、必要な情報をしっかりと提供しています。

● 出力結果

宣言したとおりのプロセスで生成AIとのやり取りが進みます。生成AIから質問がきます。

 各ステップで情報を提供し、不足している情報を確認しながら進めることで、問題解決に向けた具体的なアドバイスを得ることができます。それでは、提供された情報をフレームワークに沿って整理し、不足する情報を確認していきます。

1. 背景
提供された情報を元に、背景を整理します。ここで確認したい追加の情報もリストします。

提供情報
・味噌カツのお店を経営している
・厳選素材の味噌と豚肉を使っている
・ご当地グルメとして親しまれている

確認したい追加情報
・店舗数（チェーン展開しているのか）
・主要なターゲット顧客層
・地理的な立地（都市部、郊外など）
・競合状況（周辺に同業他社があるかどうか）

この背景情報に関して、不足している情報を教えてください。

背景に関する追加情報の確認
・店舗数は何店舗ですか？チェーン展開していますか？
・主要なターゲット顧客層は誰ですか？（例：家族連れ、サラリーマン、学生など）
・お店はどのような地理的な立地にありますか？（都市部、郊外、観光地など）
・周辺に競合となる味噌カツのお店や同業他社はありますか？

上記の質問に答えていただけますか？

● プロンプト

生成AIからの質問に答えます。

店舗数は何店舗ですか？
チェーン展開していますか？
Ans: チェーン展開しています。店舗数は、3店舗です。

主要なターゲット顧客層は誰ですか？（例：家族連れ、サラリーマン、学生など）
Ans: ターゲット層は、家族連れ、学生です。

お店はどのような地理的な立地にありますか？（都市部、郊外、観光地など）
Ans: お店は住宅街にあります。

周辺に競合となる味噌カツのお店や同業他社はありますか？
Ans: 競合はありますが、新規出店はありません。

生成AIが情報を整理し、次の質問を投げかけてきました。

●出力結果

ありがとうございます。提供いただいた情報を元に、背景を整理しました。

1.背景
・味噌カツのお店を経営している
・厳選素材の味噌と豚肉を使用
・ご当地グルメとして親しまれている
・3店舗をチェーン展開している
・主要なターゲット顧客層は家族連れと学生
・店舗は住宅街に立地
・周辺に競合店はあるが、新規出店はない

次に進みましょう。

2.問題の定義
売り上げが20％低下しているとのことですが、この問題をより詳細に定義するために、以下の追加情報を確認したいです。

提供情報
・売り上げが20％低下している
・確認したい追加情報
・売り上げ低下が始まった時期はいつですか？
・売り上げが低下した原因について、現在までに・特定している情報はありますか？
・売り上げ低下の影響を受けた具体的な商品やサービスは何ですか？
・売り上げ低下の影響を受けた店舗はすべてですか、それとも特定の店舗のみですか？

上記の質問に答えていただけますか？

●プロンプト

生成AIの質問に答えます。

> 売り上げ低下が始まった時期はいつですか?
> Ans:3ヶ月前です。
>
> 売り上げが低下した原因について、現在までに特定している情報はありますか?
> Ans:アンケートに接客に関する問題点が増えました。
>
> 売り上げ低下の影響を受けた具体的な商品やサービスは何ですか?
> Ans:お子様用のメニューです。
>
> 売り上げ低下の影響を受けた店舗はすべてですか、それとも特定の店舗のみですか?
> Ans:特定の店舗のみです。

生成AIが得られた情報に基づき、問題を定義しました。

●出力結果

> ありがとうございます。提供された情報を元に、問題をより具体的に定義しました。
>
> 2.問題の定義
> ・売り上げが3ヶ月前から20%低下している
> ・売り上げ低下の原因として、アンケートに接客に関する問題点が増えていることがわかっている
> ・売り上げ低下の影響を受けた商品はお子様用のメニュー
> ・売り上げ低下の影響を受けたのは特定の店舗のみ
>
> 次に進みましょう。
>
> 3.既存の取り組み
> ・既に行っている取り組みについて、さらに詳細を確認します。
> ・提供情報
> ・クーポンの配布

> - SNS広告の実施
> - 確認したい追加情報
> - クーポンの配布方法と内容（例：割引率、配布チ・ャネル）
> - SNS広告の内容とターゲティング設定
> - これまでに行った接客改善の取り組み
>
> 上記の質問に答えていただけますか？

● プロンプト

生成AIからの質問に答えます。

> クーポンの配布方法と内容（例：割引率、配布チャネル）
> Ans：学生向けの雑誌に広告し、クーポンを付けました。
>
> SNS広告の内容とターゲティング設定
> Ans：顧客拡大のため、ビジネスパーソンを設定。特大味噌カツをアピール。
>
> これまでに行った接客改善の取り組み
> Ans：特になし

生成AIが情報を整理し、原因を推定します。そして、仮説を立案、解決案を提案します。

● 出力結果

> ありがとうございます。提供された情報を元に、既存の取り組みを整理しました。
>
> 3.既存の取り組み
> - クーポン配布方法と内容
> - 学生向けの雑誌に広告し、クーポンを付けた
> - SNS広告の内容とターゲティング設定
> - 顧客拡大のため、ビジネスパーソンをターゲティング
> - 特大味噌カツをアピール
> - 接客改善の取り組み

・特になし

次に進みましょう。

4.原因の推定
既存の情報から、売り上げ低下の原因を推定します。

提供情報
・アンケートで接客に関する問題点が増えた
・売り上げ低下の影響を受けた商品はお子様用のメニュー
・特定の店舗のみが影響を受けた
・クーポン配布とSNS広告の効果が限定的

原因推定
・接客の質の低下：特定の店舗でスタッフの半数が入れ替わったため、接客の質が低下している可能性。
・ターゲット層のミスマッチ：SNS広告でビジネスパーソンをターゲットにしているが、主なターゲット層は家族連れと学生。
・お子様メニューの競合：お子様メニューの質や価格が競合店に劣っている可能性。
・特定店舗の立地条件：特定の店舗の立地や周辺環境に問題がある可能性。

これらの仮説を元に、次に進みます。

5.仮説の立案
仮説を立て、検証するための具体的なアクションプランを考えます。
・提供情報に基づく仮説
・接客の質の向上
・新しいスタッフの研修プログラムを導入する

接客マニュアルの見直しと実施
・ターゲット層の再評価
・SNS広告のターゲット設定を家族連れや学生に変更する
・お子様向けのプロモーションを強化する
・お子様メニューの見直し
・お子様メニューの内容を改善する（新メニューの追加や価格設定の見直し）

・競合店のお子様メニューと比較して強みを強調する

特定店舗の環境改善
・店舗の立地や周辺環境の調査を行う
・店舗の外観や内装の改善を検討する

6.解決策の提案
各仮説に対する具体的な解決策を提案します。

解決策
接客の質の向上
・新スタッフの定期的なトレーニングセッションを設ける
・顧客満足度アンケートを実施し、フィードバックを元に改善

ターゲット層の再評価
・SNS広告キャンペーンを家族連れや学生に焦点を当てて再設計
・お子様向けのイベントや特典を企画
・お子様メニューの見直し
・お子様メニューに新しいオプションを追加し、魅力を向上
・お子様メニューの試食会を開催し、顧客の反応を収集

特定店舗の環境改善
・店舗の外観や内装を改装し、顧客の居心地を良くする
・店舗周辺の環境を整備し、アクセスを改善

このプロンプトの形式で、1ステップずつ進めることで、問題解決の枠組みに基づいて情報を整理し、効果的な解決策を導き出すことができます。

- **壁打ち**

　これは「壁打ち」と呼ばれ、生成AIとやり取りをしながらアドバイスを得る方法です。一般的には、自由な流れでやり取りを進めますが、この方法では、問題解決の思考プロセスをフレームワークとして定義し、その流れに沿ってやり取りを行う点がポイントです。

　この方法では、原因分析、仮説立案、解決案作成のプロセスが明示されているため、思考プロセスとして正しいかどうか、途中でチェックするこができます。また、結果が期待どおりでない場合にも、プロセスを見直してチェックすることができます。

4　帰納法を用いた仮説立案の方法

●目的

　ビジネスパーソンの方の中には、データを分析し、それに基づいて仮説を立て、施策を考えることに日々、頭を悩ませている方も多いと思います。仮説を立案するために、帰納法を勉強している方も多いと思います。

図2　仮説立案の流れ

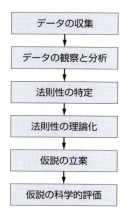

そこで、帰納法を用いた仮説立案のプロンプトを考えました。まず、帰納法の基本的なプロセスを示し、それに基づいてステップごとに明確な指示を提供します。

以下は、帰納法による仮説立案のためのプロンプトです。仮説立案のための公式として示します。

● プロンプト（仮説立案のための公式）

 以下の流れで、帰納法を用いた仮説を立案してください。
私は、あなた（生成AI）にデータを提供します。
あなたは、データの観察と分析以下をこの順番で実行してください。

データの提供
・私は、仮説立案に必要なデータを提供します。
・データは定量データおよび定性データを含みます。

データの観察と分析
・あなた（生成AI）は提供されたデータを詳細に観察し、データの可視化や統計的手法を用いて分析してください。

法則性の特定
・あなた（生成AI）はデータの観察と分析に基づいて、帰納法を用いて、具体的な法則性を特定し、パターンの説明と具体例を示してください。

法則性の理論化
・あなた（生成AI）は特定した法則性を理論化し、既存の理論やフレームワークに関連付けるか、新しい理論を提案してください。

仮説の立案
・あなた（生成AI）は理論化した法則性に基づいて、検証可能な仮説を立案し、仮説の明確化と具体的な予測を提示してください。

仮説の科学的評価
・あなたは立案した仮説が科学的であるかを、再現性、検証可能性、具体性の基準に基づいて評価してください。

●解説
• このプロンプトの工夫点

　このプロンプトは、帰納法による仮説立案のプロセスをステップごとに明確にし、具体的な指示と期待されるアウトプットを示しています。これにより、効果的な仮説立案が可能になります。

　プロンプトの工夫点は、生成AIに対する指示が明確で具体的である点です。データの提供から始まり、観察、法則性の発見、理論化、仮説の立案、そして評価に至るまでのプロセスが段階的に示されています。各ステップが詳細に説明されているため、生成AIが行うべき作業が明確になっています。

　さらに、最後に科学的評価のステップを含めることで、生成された仮説の質を確保することができます。この構造化されたアプローチにより、生成AIは体系的かつ科学的な方法で問題に取り組むことができます。

　つづいて、実際にこのプロンプト（仮説立案のための公式）にデータを与えて実行してみましょう。

●プロンプト（公式の適用例）
　先ほどのプロンプトにデータを入れて実行します。

 以下の流れで、帰納法を用いた仮説を立案してください。
私は、あなた（生成AI）にデータを提供します。
あなたは、データの観察と分析以下をこの順番で実行してください。

データの提供
・私は、仮説立案に必要なデータを提供します。
・データは定量データおよび定性データを含みます。

売り上げデータ====
2023年1月：500,000円
2023年2月：480,000円
2023年3月：510,000円
2024年1月：400,000円
2024年2月：380,000円
2024年3月：390,000円

8-1 問題解決への取り組み方

顧客満足度調査結果====
2023年1月：4.5
2023年2月：4.6
2023年3月：4.7
2024年1月：3.8
2024年2月：3.7
2024年3月：3.6

競合店の開店数====
2023年：1店舗
2024年：3店舗（1月に1店舗、2月に1店舗、3月に1店舗）

ソーシャルメディアのエンゲージメント====
2023年1月：200投稿、1500いいね
2023年2月：220投稿、1600いいね
2023年3月：230投稿、1700いいね
2024年1月：150投稿、900いいね
2024年2月：140投稿、800いいね
2024年3月：130投稿、700いいね

顧客からのフィードバック====
「味が変わった」
「以前ほどおいしくない」
「新しい店の方が美味しい」

店舗スタッフからの報告====
「主要食材（味噌、豚肉）の仕入れ先を変更」
「コスト削減のために材料を変更」

データの観察と分析
・あなた（生成AI）は提供されたデータを詳細に観察し、データの可視化や統計
　的手法を用いて分析してください。

法則性の特定
・あなた（生成AI）はデータの観察と分析に基づいて、帰納法を用いて、具体的
　な法則性を特定し、パターンの説明と具体例を示してください

法則性の理論化
・あなた（生成AI）は特定した法則性を理論化し、既存の理論やフレームワークに関連付けるか、新しい理論を提案してください。

仮説の立案
・あなた（生成AI）は理論化した法則性に基づいて、検証可能な仮説を立案し、仮説の明確化と具体的な予測を提示してください。

仮説の科学的評価
・あなたは立案した仮説が科学的であるかを、再現性、検証可能性、具体性の基準に基づいて評価してください。

●出力結果

生成AIは、指定されたプロセスに従って情報を分析し、仮説立案まで指定したプロセスで進めています。

 データの提供

提供されたデータは以下のとおりです。

売り上げデータ
2023年1月：500,000円
2023年2月：480,000円
2023年3月：510,000円
2024年1月：400,000円
2024年2月：380,000円
2024年3月：390,000円

顧客満足度調査結果
2023年1月：4.5
2023年2月：4.6
2023年3月：4.7
2024年1月：3.8
2024年2月：3.7

8-1 問題解決への取り組み方

2024年3月：3.6

競合店の開店数
2023年：1店舗
2024年：3店舗（1月に1店舗、2月に1店舗、3月に1店舗）

ソーシャルメディアのエンゲージメント
2023年1月：200投稿、1500いいね
2023年2月：220投稿、1600いいね
2023年3月：230投稿、1700いいね
2024年1月：150投稿、900いいね
2024年2月：140投稿、800いいね
2024年3月：130投稿、700いいね

顧客からのフィードバック
・「味が変わった」
・「以前ほどおいしくない」
・「新しい店の方が美味しい」

店舗スタッフからの報告
・「主要食材（味噌、豚肉）の仕入れ先を変更」
・「コスト削減のために材料を変更」

データの観察と分析
・提供されたデータを詳細に観察し、分析します。

売り上げデータの分析
・2023年と比較して、2024年の売り上げは著しく低下している。
・特に2024年1月から3月の売り上げは、前年同月と比較して20%前後の減少
　を示している。

顧客満足度の分析
・2023年に比べて、2024年の顧客満足度は大幅に低下している。
・満足度は4.5以上から3.6まで低下。

競合店の開店数の分析
・2023年は1店舗の新規競合店のみだったが、2024年には3店舗に増加している。

ソーシャルメディアのエンゲージメントの分析
・2024年にソーシャルメディアの投稿数とエンゲージメントが大幅に減少している。
・2023年と比較して2024年のエンゲージメントは約50％減少。

顧客からのフィードバックの分析
・味の変化についてのネガティブなフィードバックが多い。
・新しい店の方が美味しいというコメントがある。

店舗スタッフからの報告の分析
・主要食材の仕入れ先を変更し、コスト削減のために材料を変更している。

法則性の特定
・観察と分析に基づき、以下の法則性を特定します。

売り上げと顧客満足度の関連性
・売り上げが低下している期間（2024年1月から3月）に顧客満足度も低下している。
・顧客満足度の低下は売り上げ低下と一致。

競合店の影響
・新規競合店の増加により、売り上げが低下している。
・特に2024年1月から3月の新規競合店の影響が顕著。

ソーシャルメディアのエンゲージメントの減少
・2024年のソーシャルメディアの投稿数とエンゲージメントが大幅に減少している。
・エンゲージメントの減少は売り上げ低下と一致。

食材変更による品質低下
・店舗スタッフの報告に基づき、コスト削減のために主要食材を変更している。

8-1 問題解決への取り組み方

・顧客からのフィードバックでも味の変化についてのネガティブなコメントが多い。

法則性の理論化
・上記の法則性を理論化し、既存の理論やフレームワークに関連付けます。

顧客満足度理論
・顧客満足度が低下すると売り上げも低下するという理論に基づき、味噌カツの品質低下が売り上げに影響を与えていると考えられる。

競争理論
・新規競合店の増加により市場競争が激化し、既存店舗の売り上げが低下するという理論に基づき、競合店の影響が考えられる。

ソーシャルメディアの影響
・ソーシャルメディアのエンゲージメントが売り上げに影響を与えるという理論に基づき、エンゲージメントの低下が売り上げに影響していると考えられる。

仮説の立案
以下の仮説を立案します。

仮説1：味噌カツの売り上げ低下は、主要食材の変更による品質低下が原因である。
予測：高品質な食材に戻すことで顧客満足度が回復し、売り上げが増加する。

仮説2：新規競合店の増加が味噌カツの売り上げ低下に影響している。
予測：新規競合店の影響を受けないような差別化戦略を実施することで、売り上げが回復する。

仮説3：ソーシャルメディアのエンゲージメント低下が味噌カツの売り上げ低下に影響している。
予測：ソーシャルメディアのプロモーションを強化することで、エンゲージメントが増加し、売り上げが回復する。

仮説の科学的評価
立案した仮説を科学的に評価します。

再現性：各仮説は具体的な行動（食材の変更、差別化戦略、プロモーション強化）を通じて再現可能です。
検証可能性：各仮説は具体的なデータ（売り上げ、顧客満足度、エンゲージメント）を用いて検証可能です。
具体性：仮説は具体的な行動と予測を含んでおり、実際のビジネス環境で適用可能です。

このプロセスを通じて、味噌カツの売り上げ低下の原因を特定し、具体的な対策を講じることが可能になります。

5　ギャップ分析による目標達成（考え方）

●目的

　ビジネスにおいては、現在の状況と目標（あるべき姿）の間に存在するギャップを解決するアプローチが重要です。このことは生成AIのプレトレーニング（大量のデータを使って事前に学習させるプロセス）と類似しているのではないかと考え、「現状と目標との間のギャップを穴埋め問題として解かせる」というアイデアを考えました。

図3　現状と目標との間を穴埋め問題として解かせる

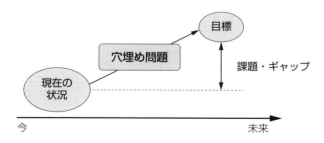

このことをChatGPTに聞いてみました。

 ChatGPTのプレトレーニングと「穴埋め問題」の関連性
ChatGPTのプレトレーニングでは、大量のテキストデータを用いて自己教師あり学習を行います。この学習プロセスでは、モデルが文章の一部を予測するタスク、つまり「穴埋め問題」を解く形でトレーニングされています。このプロセスにより、モデルは文脈理解や言語生成の能力を向上させます。

プレトレーニングの詳細
マスク付き言語モデル：BERT等のモデルでは、文章の一部の単語をマスク（隠す）し、その単語を予測するタスクを実行します。これにより、モデルは文脈の理解を深め、隠された情報を推測する能力を鍛えます。
オートレグレッシブモデル：GPT-3のようなモデルでは、次に続く単語を予測するタスクを通じてトレーニングされています。これにより、モデルは一貫性のある文章を生成する能力を高めます。

現状と目標の間を埋める問題解決手法の評価
「現状と目標との間を穴埋め問題として解かせる」というアプローチは、ChatGPTのトレーニング手法と非常に類似しており、そのため以下の理由で有効と考えられます。

1.文脈の理解と予測力の活用
プレトレーニングの効果：ChatGPTは文脈を理解し、次に続く内容を予測する能力が高いです。このため、現状と目標の間のギャップを埋めるために、必要なステップや情報を推測するのが得意です。
具体例：例えば、売上目標を達成するための具体的なマーケティング施策を立案する場合、ChatGPTは過去の成功事例や関連するデータを基に最適な施策を提案できます。

2.問題の分解と具体的な提案

プレトレーニングの効果：ChatGPT は複雑な問題を分解し、各部分に対する解決策を提供する能力があります。これは、プレトレーニングで多様な文章を解析し、文脈に応じた回答を生成する能力を高めた結果です。

具体例：製造業での生産性向上のケーススタディでは、生産ラインのボトルネックを特定し、その解決策を提案することができます。

3.継続的な改善とフィードバックの取り込み

プレトレーニングの効果：ChatGPT はユーザーからのフィードバックを活用し、回答の精度を継続的に向上させることができます。これは、現状と目標のギャップを埋めるプロセスでも有効に機能します。

具体例：IT プロジェクトの進捗管理において、進捗状況の変化や新たな課題に応じて柔軟にアドバイスを更新することが可能です。

まとめ

ChatGPT のプレトレーニングにおける「穴埋め問題」の手法は、現状と目標の間を埋める問題解決に非常に適していると評価できます。具体的な理由としては、文脈理解と予測力、問題の分解と具体的な提案、継続的な改善とフィードバックの取り込みが挙げられます。これにより、ビジネスにおける多様な課題に対して効果的な解決策を提供することが可能となります。

この手法を活用することで、ChatGPT の強みを最大限に引き出し、効率的かつ効果的な問題解決が期待できます。

6 ギャップ分析による目標達成（ケースへの適用）

●目的
それでは、プロンプトの書き方について説明します。

●プロンプト
現状と目標との間を穴埋め問題として解くプロンプトです。

 生成AIは事前学習として、穴埋め問題を解決するトレーニングを行っています。本プロンプトでは、この生成AIの能力を問題解決に応用します。
本プロンプトは、生成AIが現状と目標とのギャップを特定し、そのギャップを埋めるための方法を、これまで生成AIが学習した情報に基づき、提案することを目的としています。

質問の背景と参考情報：
既存の取り組みとその結果
（ここに具体的な取り組み内容と結果を記述）

現状の把握：
現在の状況と課題
（ここに現在の状況と具体的な課題を記述）

目標の設定：
目的と目標
（ここに達成したい目的と具体的な目標を記述）

期待する回答の形式と内容
・複数の提案をリスト形式で
・各提案の詳細な説明
・提案のメリットとデメリットの比較

制約条件
(ここに制約条件を記述)
成功基準
(ここに成功を評価する基準を記述)

ギャップの特定：
現状と目標の間にあるギャップを詳細に分析
(ここに具体的なギャップを記述)

具体的な質問：
分析プロセスの確認
①現状の分析結果を示してください。
②目標の明確化結果を示してください。
③ギャップの識別結果を示してください。

上記を踏まえた質問
・現状と目標のギャップを埋めるための具体的なアクションステップを提案してください。
・各アクションステップについて、どのように実行するかの詳細な計画を提供してください。
・提案されたアクションステップが現状を改善する根拠を説明してください。

具体的なアクションステップの提示：
・提案されたアクションステップをリスト形式で提供
・各ステップの詳細な説明と実行計画
・各ステップの実行による期待される成果

　このプロンプトでの鍵は、ギャップの特定にあります。ギャップの特定とは、現状と目標の間に存在する差異や不足部分を詳細に定義することです。これにより、問題の所在や不足している要素を明確にします。

8-1　問題解決への取り組み方

　ギャップを特定することで、問題の根本原因を理解して、それを埋めるための具体的なアクションステップを立案しやすくなる点がポイントです。
　生成AIの中では、以下のプロセスで処理を行います。

①現状の分析：具体的なデータや事例を用いて、現在の状況を正確に把握します。
②目標の明確化：達成したい目標を具体的で測定可能な形で明確にします。
③ギャップの特定：現状と目標を比較し、その間に存在する差異を特定し、不足点や問題点をリストアップします。

　実際のケースでの活用方法を説明します。味噌カツの販売を例に説明します。

●プロンプト
　現状と目標との間を穴埋め問題として解くためのプロンプト（ケースへの適用）です。

生成AIは事前学習として、穴埋め問題を解決するトレーニングを行っています。本プロンプトでは、この生成AIの能力を問題解決に応用します。

本プロンプトは、生成AIにより、現状と目標とのギャップを特定し、そのギャップを埋めるための方法を、生成AIがこれまで学習した情報に基づき、提案することを目的としています。

質問の背景と参考情報：
既存の取り組みとその結果
・味噌カツのチェーンを3店舗、経営しています。

現状の把握：
現在の状況と課題
・3店舗のうち、1店舗の売り上げがこの3か月、10％低下しました。

目標の設定：
目的と目標
・この店舗の売り上げを挽回したい。

期待する回答の形式と内容
・複数の提案をリスト形式で
・各提案の詳細な説明
・提案のメリットとデメリットの比較

制約条件
・できるだけコストのかからない対策を立てたい。

成功基準
・売り上げを挽回すること

ギャップの特定:
現状と目標の間にあるギャップを詳細に分析します。1店舗の売り上げが、この3
か月で10％低下しました。

具体的な質問:
分析プロセスの確認
①現状の分析結果を示してください。
②目標の明確化結果を示してください。
③ギャップの識別結果を示してください。

上記を踏まえた質問
・現状と目標のギャップを埋めるための具体的なアクションステップを提案し
　てください。
・各アクションステップについて、どのように実行するかの詳細な計画を提供し
　てください。
・提案されたアクションステップが現状を改善する根拠を説明してください。

具体的なアクションステップの提示:
・提案されたアクションステップをリスト形式で提供
・各ステップの詳細な説明と実行計画
・各ステップの実行による期待される成果

●解説

現状と目標等、そしてそれらの間のギャップを明確に記入し、実行するだけで具体的なアクションプランを提案することができました。特に、現状と目標とのギャップを明確にすることで、どのように対策すればよいかがわかりやすくなります。

●出力結果

現状の分析結果

売り上げデータの解析
・売り上げが10％低下した期間を特定し、その期間の売り上げデータを分析しました。
・特に平日と週末、ランチタイムとディナータイムの売り上げに注目しました。

顧客フィードバック
・顧客からのアンケート結果を分析し、接客に関する不満が増加していることを確認しました。

店舗スタッフの変動
・3か月前に店員の半数が入れ替わったことが売り上げ低下に影響している可能性があると判断しました。

目標の明確化結果

売り上げの回復
・売り上げを10％以上回復させることを目標とし、・3か月以内に達成することを目指します。

顧客満足度の向上
接客に関する顧客満足度を向上させることを目標とします。

ギャップの識別結果

現状
・売り上げが10％低下しており、特定の時間帯と曜日に顕著な低下が見られます。

・接客に対する不満が増加し、顧客のリピート率が低下しています。

目標
・売り上げを10%以上回復させ、顧客満足度を向上させる。

ギャップ
・売り上げ低下の原因として、接客の質の低下とスタッフの入れ替わりが特定
　されました。
・顧客体験の質が低下していることが、売り上げ減少に直接影響しています。

具体的なアクションステップの提案

スタッフトレーニングの強化
詳細な説明：新しいスタッフに対して、接客マニュアルを基にした徹底的なト
レーニングを行います。
実行計画：週1回のトレーニングセッションを3か月間実施し、サービスの質を
向上させます。
期待される成果：接客の質が向上し、顧客満足度が改善されることで、売り上
げが回復します。

顧客フィードバックの収集と対応

詳細な説明：顧客からのフィードバックを積極的に収集し、迅速に対応します。
実行計画：店内にアンケートボックスを設置し、週次でフィードバックをレ
ビューし改善策を講じます。
期待される成果：顧客の声を反映した改善が行われ、リピート率が向上します。

地域限定のプロモーション実施
詳細な説明：住宅街のターゲット層に向けた地域限定のプロモーションを展開
します。
実行計画：地元のイベントや学校との連携を強化し、クーポン配布や特別メ
ニューを提供します。
期待される成果：地元住民の来店頻度が増加し、売り上げが向上します。

8-1 問題解決への取り組み方

提案のメリットとデメリットの比較

スタッフトレーニングの強化
メリット：接客の質が向上し、顧客満足度が改善する。
デメリット：トレーニングに時間がかかるため、短期間での売り上げ改善は難しい。

顧客フィードバックの収集と対応
メリット：顧客の声を反映した迅速な改善が可能。
デメリット：フィードバックの収集と対応に手間がかかる。

地域限定のプロモーション実施
メリット：地元住民の来店頻度が増加し、売り上げが向上する可能性が高い。
デメリット：プロモーションの効果が一時的になる可能性がある。

まとめ

以上の提案を実行することで、現状と目標のギャップを埋め、売り上げの回復と顧客満足度の向上を目指します。各ステップの実行計画と期待される成果を明確にし、具体的なアクションを行うことが重要です。

7 なぜなぜ分析 (5Whys)

●目的

続いて、なぜなぜ分析 (5Whys) によって根本原因の推定、分析をします。日本では、不具合の発生時の原因分析に使われることが良くあります。

> ●5Whys
> 5Whysとは、日本語で「なぜなぜ分析」といいます。根本原因分析の手法で、問題に対して「なぜ？」を5回繰り返し問いかけることで、表面的な症状から真の原因に迫ります。各「なぜ」の回答が次の質問につながり、段階的に深堀りしていきます。この方法は、不具合等の問題に対して本質を理解し、再発防止につなげる場面で使用されます。

●プロンプト

 #情報提供

質問の背景
・味噌カツのお店を経営しており、3店舗展開しています。現在、売り上げが20%低下して困っています。

参考情報
・店員10名のうち、半分の5名が入れ替わりました。
・店舗は住宅街にあり、ターゲット層は家族連れ、学生です。
・アンケートで接客に関する問題点が増えています。

目的と目標
・売り上げの低下を解消したい。

現在の状況と課題
・特定の店舗でお子様用メニューの売り上げが低下しています。

既存の取り組みと結果
・クーポン配布とSNS広告を試みましたが効果がありませんでした。接客改善の取り組みは行っていません。

8-1 問題解決への取り組み方

#具体的な質問

期待する回答の形式と内容、制約条件
・お子様メニューの売り上げが低下している原因を、5Whysを用いて根本原因を特定してください。

5Whysのフォーマット
以下のフォーマットに従って回答してください：

1. なぜ、＊＊＊＊しているのか？ ＊＊＊＊＊のため。
2. なぜ、＊＊＊＊しているのか？ ＊＊＊＊＊のため。
3. なぜ、＊＊＊＊しているのか？ ＊＊＊＊＊のため。
4. なぜ、＊＊＊＊しているのか？ ＊＊＊＊＊のため。
5. なぜ、＊＊＊＊しているのか？ ＊＊＊＊＊のため。

成功基準

仮説の立案
・5Whysで特定した根本原因に基づいて、問題解決のための仮説を立案してください。

解決策の提案
・仮説に基づいた具体的な解決策を提案してください。

●解説

　本プロンプトでも、情報提供の8項目を使っています。生成AIが分析するために十分な情報を提供することで、なぜなぜ分析の案の候補を得ることができるようにしています。日本で開発された手法ですが、海外でも行われており、学習データも豊富です。

　問題が発生したとき、なぜなぜ分析を行うことは、日本では一般的です。不具合の対策は、現実的な対策を考えることも多く、冷静に原因を深く考えられず、考えがまとまらない場面もあると思います。そういう場面では、生成AIを使ってたたき台を作成し、それを改善・見直すことで考えをまとめるのに役立つこともあるのではないかと思います。

●出力結果

 5Whys分析

なぜ、お子様メニューの売り上げが低下しているのか？
接客に関する問題が増えているため。

なぜ、接客に関する問題が増えているのか？
新しく入れ替わった店員が適切なトレーニングを受けていないため。

なぜ、新しく入れ替わった店員が適切なトレーニングを受けていないのか？
新人教育のシステムが整っていないため。

なぜ、新人教育のシステムが整っていないのか？
新人教育の重要性が十分に認識されていなかったため。

なぜ、新人教育の重要性が十分に認識されていなかったのか？
売り上げに直結する要素として接客が軽視されていたため。

仮説の立案
根本原因は、新しく入れ替わった店員が適切なトレーニングを受けておらず、接客に関する問題が増えていることです。このため、お子様メニューの売り上げが低下しています。適切な新人教育システムの構築が必要です。

解決策の提案

新人教育プログラムの導入
・新しく入った店員に対して、接客の基本や店舗の方針に基づいた教育プログラムを導入します。
・店員のロールプレイングや実践トレーニングを定期的に行い、接客スキルの向上を図ります。

既存の店員への再教育
・既存の店員も含め、全店員に対して定期的な接客トレーニングを実施します。
・接客に関するフィードバックを収集し、改善点を共有するミーティングを設けます。

8-1 問題解決への取り組み方

接客マニュアルの作成と共有
・接客に関する具体的なマニュアルを作成し、全店員に配布します。
・新人が入るたびにマニュアルを活用し、教育をスムーズに行えるようにします。

顧客アンケートの活用
・顧客からのフィードバックを継続的に収集し、接客に関する問題点を早期に発見・改善します。
・ポジティブなフィードバックも積極的に共有し、店員のモチベーションを高めます。

インセンティブ制度の導入
・良い接客を行った店員に対して、インセンティブや表彰制度を設け、接客の質を向上させます。
・これらの対策を講じることで、接客の質が向上し、お子様メニューの売り上げが改善することが期待できます。

Section 2 質問にSo What?を付ける

　論理思考のテキスト等では、データや状況に対してSo What?という質問を投げかけ、より深く分析したり、結論を導いたりします。これは5 Whysと同様によく使われる質問法です。

　では、生成AIにおいてSo What?をどのように活用すれば良いのでしょうか。
　通常、So What?と質問する際、その背景には「このデータから何が言えるのか？」や「ここからどのような戦略が導き出せるのか？」といった問いが含まれています。生成AIに対してもSo What?を使う際には、So What?＋質問の形で使います。

　しかし、質問を後ろに付けるのであれば、So What?は不要ではないかと思うかもしれません。実際、生成AIの学習データにおいてSo What?を付けた質問では、より深い洞察が求められています。つまり、生成AIはSo What?と質問を組み合わせた学習データから、深く考えた結果として学習を行っています。そのため、質問の前にSo What?を付けることで、より深い洞察を得られると考えられます。

　ChatGPTに確認してみました。

　生成AIに「So What?」を使う場合、質問に「So What?」を付けることで、より深い洞察を要求する効果が期待されます。これは、「So What?」が付くことで、単なる事実やデータの提示だけでなく、その背後にある意味や影響についての考察を求めるためです。

　実際の効果
　1. 深い分析の促進
　「So What?」を質問に付けることで、生成AIはそのデータが具体的にどのような影響を持つのか、次に取るべき行動は何かをより深く分析しようとします。

8-2 質問に So What? を付ける

2.意義の明確化
「So What?」を付けることで、提示されたデータや状況の意義を明確にすることができます。単なる結果報告から、その結果が意味することや次に取るべきアクションについて考えを進めることができます。

結論
「So What?」という問いを質問に付けることで、生成AIはより深い分析や洞察を提供することができます。これにより、単なるデータや事実の報告から、その背後にある意味や次の行動に繋がる具体的な考察が可能となります。したがって、「So What?」を質問に付けることは、より深く考えた結果を得るために非常に有効な手法といえます

以下にプロンプトの書き方を例示します。

●プロンプト

レストランの売上データ
売上：先月の売上が通常よりも20％増加した。
顧客数：平均的に来店する顧客数は通常月よりも15％増加した。
平均注文額：顧客1人当たりの平均注文額は、前月と比べて約5％増加した。

So What?このデータからいえることは？

●解説

　数行のデータから非常に深い洞察を得ています。推測ですが、So What?を付けることで、生成AIの学習データから特に深い洞察が引き出されているのではないかと考えられます。

●出力結果

 このデータからいえることを整理してみましょう。

1.売上増加の要因分析
売上が20%増加した理由は、顧客数の15%増加と平均注文額の5%増加が主な要因です。これは、より多くの顧客が来店し、その上で1人当たりの消費額も増えたことを意味します。

2.顧客数の増加
顧客数の15%増加は、効果的なマーケティングやプロモーション、口コミの広がり、季節要因、または特定のイベントなどが背景にある可能性があります。新規顧客の獲得やリピーターの増加が売上を押し上げたと考えられます。

3.平均注文額の増加
顧客1人当たりの平均注文額が5%増加している点から、メニューの価格改定、セットメニューの導入、新商品の成功、または顧客の嗜好の変化が考えられます。特に、高価格帯のメニューや追加オプションが顧客に受け入れられている可能性があります。

4.持続可能な成長の兆し
これらの増加が一時的なものではなく、持続的なトレンドであるならば、レストランの成長が続く可能性が高いです。増加要因が継続的な施策や顧客満足度の向上に基づくものであれば、将来的な売上の安定やさらなる成長が期待できます。

5.次のステップ
今後、売上増加を持続させるためには、増加した顧客数を維持する施策、例えばリピート促進のためのロイヤルティプログラムや、平均注文額をさらに引き上げるためのクロスセルやアップセル戦略の強化が考えられます。
また、顧客フィードバックを収集し、何が顧客の来店動機になったのかを分析することで、今後のマーケティングや商品戦略をより効果的に設計することが可能です。

このデータから、レストランがどのようにして成長を遂げているのか、その背景を理解し、さらなる戦略を立てるための基盤となる洞察を得ることができます。

ロジカルツリーを用いた問題解決

Section 3

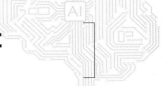

　問題解決の基本は、要因をロジカルツリーで分解し、原因を推定することです。生成AIを活用することで、要因のロジカルツリーを作成することが可能になります。

● プロンプト①

本プロンプトでは、ロジカルツリーを用いた原因分析を行います。

Step1：問題の定義
味噌カツのお取り寄せサイトでの販売において、納期遅延が発生しました。

Step2：ロジカルツリーを用いた要因の洗い出し
以下のフォーマットで要因を分析するためのロジカルツリーを作成します。
ツリー構造を2階層まで分析してください。

フォーマット
製品の納期遅延
　│
　├── 生産プロセスの問題
　├── 物流の問題
　└── 外部要因

Step3：原因の推定
あなたは、私（ユーザ）に質問し、原因を推定してください。

Step4：原因の説明
あなたは、私（ユーザ）に推定した原因を説明してください。

Step5
あなたは、私（ユーザ）に推定した原因に対する解決策を説明してください。

●解説
　ロジカルツリーは、必ずしもツリー構造で表示されるわけではなく、箇条書きで示されることもあります。そのため、フォーマットとしてツリー構造を指示する必要があります。例えば、「ツリー構造を2階層まで分析してください」という具体的な指示を与えることで、階層の深さを調整し、より詳細な分析結果を出力することができます。

●出力結果①

Step1：問題の定義
味噌カツのお取り寄せサイトで、納期遅延が発生している。
Step2：ロジカルツリーを用いた要因の洗い出し
まず、以下のロジカルツリーを用いて要因を洗い出します。

```
製品の納期遅延
　│
　├── 生産プロセスの問題
　│　├── 材料不足
　│　├── 製造設備の故障
　│　└── 生産スケジュールの遅延
　│
　├── 物流の問題
　│　├── 輸送手段の遅延
　│　├── 配送センターの混雑
　│　└── 配送業者の問題
　│
　└── 外部要因
　　　├── 天候不良
　　　├── 交通渋滞
　　　└── 予期せぬ需要の増加
```

Step3：原因の推定
納期遅延の原因をより具体的に特定するために、いくつか質問させていただきます。

生産プロセスに関する質問：最近、製造に使用する材料の供給に遅れや不足はありましたか？　また、製造設備に故障やメンテナンスの問題はありましたか？

8-3 ロジカルツリーを用いた問題解決

物流に関する質問：輸送手段や配送センターで何らかの遅延が発生しているという報告はありましたか？　配送業者からの遅延通知はありましたか？

外部要因に関する質問：最近の天候が特に悪かったり、交通渋滞が発生したりしましたか？　また、予想以上の注文があった可能性はありますか？

これらの質問に基づいて、推定を進めます。

● プロンプト②

生産プロセスに関する質問：最近、製造に使用する材料の供給に遅れや不足はありましたか？　また、製造設備に故障やメンテナンスの問題はありましたか？

Ans：ありません。

物流に関する質問：輸送手段や配送センターで何らかの遅延が発生しているという報告はありましたか？　配送業者からの遅延通知はありましたか？

Ans：ありません。

外部要因に関する質問：最近の天候が特に悪かったり、交通渋滞が発生したりしましたか？　また、予想以上の注文があった可能性はありますか？

Ans：宅急便の利用が多いというニュースがありました。

● 出力結果②

Step4：原因の説明
いただいた回答から推測すると、納期遅延の原因は「外部要因」の中でも「宅急便の利用が多い」という点に関連している可能性が高いです。具体的には、宅急便の利用が増加したために、物流業者が対応しきれずに配送遅延が発生した可能性があります。

Step5：解決策の説明
納期遅延を解決するために、以下の対策を検討することをお勧めします。

配送業者との連携強化：宅急便の利用が増加している状況を配送業者と共有し、出荷スケジュールの調整や追加リソースの確保を依頼する。

配送業者の多様化：メインの配送業者だけでなく、他の配送業者も利用できるように契約を検討し、リスク分散を図る。

顧客への事前通知：納期遅延の可能性がある場合は、事前に顧客に通知し、信頼を維持する。また、オプションとして追加料金で早めの配送を選べるサービスを提供することも考慮する。

出荷体制の見直し：ピーク時における出荷体制を強化し、例えば、出荷を前倒しするか、配送センターの作業を増員することで遅延を防ぐ。

これらの対策を講じることで、今後の納期遅延の発生を抑えることが期待できます。

Section 4 MECE（ミッシー）かどうかチェック・修正する

　論理的に問題を解決するためには、ロジカルツリーを作成する際、MECE（漏れなく、ダブりなく）の原則に従ってツリーを作ることができているかが重要です。生成AIを活用して、これをチェックし、修正することができます。

> ● MECE（ミッシー）
> 　MECE（Mutually Exclusive and Collectively Exhaustive）とは、ロジカルツリーやその他の分析手法で使われる基本的な概念です。これは、すべての要素が重複せず（Mutually Exclusive）、漏れなく網羅されていること（Collectively Exhaustive）を意味します。
> 　ロジカルツリーを作成する際にMECEに従わないと、分析が不完全になったり、矛盾が生じることがあります。具体的には、以下の点に注意が必要です。
>
> **重複**：同じ要素が異なるカテゴリーで繰り返されている場合。
> **漏れ**：重要な要素が抜けていて、全体像が不完全になっている場合。
> **曖昧な分類**：カテゴリーが明確に定義されておらず、境界が不明確な場合。

● プロンプト

以下のロジックツリーがMECEであるかを確認し、重複や漏れがないかチェックしてください。もし、重複がある場合はそれを排除し、漏れがある場合はそれを補完する要素を追加してください。また、曖昧な分類がある場合は、それを明確にするために適切な修正を加えてください。

テーマ：新しい製品の市場拡大戦略
#ロジックツリー
市場拡大の方法
　│
　├──地理的拡大
　├──新しい顧客層のターゲット
　├──広告キャンペーンの強化
　└──価格の見直し

8 問題解決のためのプロンプト

●出力結果

 このロジックツリーをMECEの観点から確認すると、いくつかの改善点があります。

1.重複の可能性
「広告キャンペーンの強化」と「新しい顧客層のターゲット」は、どちらも市場拡大のアプローチとして関連しています。広告キャンペーンの強化は、新しい顧客層をターゲットにするための手段の1つであるため、これらは重複する可能性があります。

2.漏れの可能性
「地理的拡大」や「新しい顧客層のターゲット」は具体的な拡大戦略の一部ですが、その他にも考えられる拡大方法が漏れている可能性があります。例えば、「新製品ラインの投入」や「パートナーシップの形成」などの方法も市場拡大戦略の一環として考えられます。

3.曖昧な分類
「価格の見直し」は、市場拡大の手段というよりも、既存市場内での競争力強化の一環として考えられるため、他の要素との関連性が曖昧です。価格戦略が直接市場拡大に結びつく場合には、具体的なターゲット市場や目的を明確にする必要があります。

改善案
以下のように修正することで、よりMECEに近づけることができます。

ロジックツリー（修正案）
市場拡大の方法
　|
　├──市場セグメント別拡大
　|　├──地理的拡大
　|　├──新しい顧客層のターゲット
　|　└──新製品ラインの投入
　|
　├──プロモーション戦略
　|　├──広告キャンペーンの強化

8-4 MECE（ミッシー）かどうかチェック・修正する

```
|   └──価格戦略の調整（新市場の開拓に焦点を当てた価格設定）
|
└──パートナーシップと流通チャネルの拡大
├──新しい販売チャネルの開拓
└──戦略的パートナーシップの形成
```

このように整理することで、各カテゴリーが相互に排他的であり、かつ全体として市場拡大のアプローチを網羅していることを確認できます。

Section 5 まとめ

　筆者は、2022年の冬にChatGPTが登場して以来、生成AIをビジネスに活用するためのプロンプトを1つひとつ開発してきました。本書では、その成果を基に生成AIの効果的な使い方について詳しく解説しています。

　第1章では、生成AIの基本的な概念と機能について説明しました。生成AIがどのように働き、どのようなビジネスシーンで役立つかを理解するための基礎知識を提供しました。

　第2章では、企業で生成AIを導入する際に知っておくべきポイントを解説しました。企業内で生成AIを活用するための具体的な方法や注意点を取り上げ、実践的なアドバイスを提供しました。

　第3章では、大規模言語モデルが提供する「知の集合体」から、有益な情報を引き出すための技術をまとめました。この章では、生成AIの力を最大限に活用するための方法を紹介しました。

　第4章では、生成AIの基本的な使い方をビジネスの具体的な事例を通じて解説しました。実際の使用例を通じて、生成AIをどのようにビジネスで活用できるかを示しました。

　第5章では、「問題解決のための8項目」の活用方法について解説しました。この章では、多くの試行錯誤を経て得られた法則をもとに、広く使える解決策や原則（一般解）を提供しました。一般解として示した情報を、読者の業務分野に合わせて最適化すると、より良い回答を引き出せます。ただし、AIが特定の分野に特化しすぎる「過学習」の問題にも注意が必要です。

　第6章では、BtoBの事例をもとに、ビジネスフレームワークの活用方法について解説しました。具体的な事例を通じて、生成AIをビジネスフレームワークにどのように応用するかを探りました。

8-5 まとめ

　第7章では、BtoCの事例を用いて、リスク管理などの一歩進んだ応用方法について解説しました。より複雑なビジネスシーンでの生成AIの使い方を考察しました。

　第8章では、生成AIを用いて問題解決や仮説立案をプロセスに従って行う方法を解説しました。単にAIに解決策を提案させるのではなく、プロセスを通じて人間が確認しチェックできる方法を紹介しました。

　第2章でも述べたように、生成AIはコンピュータ上で動作するツールであり、その結果をそのまま使用するのではなく、自分で確認し、さらに改善して活用することが重要です。

　経済産業省のとりまとめ資料にもあるように、生成AIを効果的に活用するためには、①問いを立てる力、②批判的に見る力、③仮説を持つ力が重要です。
　本書を通じて、これらの能力を養いながら生成AIを業務に活用し、ご活躍されることを心よりお祈りいたします。

参考文献

●論理思考
- 『「ゴール仮説」から始める問題解決アプローチ』(佐渡誠、すばる舎)
- 『問題解決力を高める「推論」の技術』(羽田康祐、フォレスト出版)
- 『グロービスMBA経営戦略』(グロービス経営大学院、ダイヤモンド社)
- 『グロービスMBAマーケティング』(グロービス経営大学院、ダイヤモンド社)
- 『グロービスMBAクリティカル・シンキング』(グロービス経営大学院、ダイヤモンド社)

●生成AI
- 『先読み!IT×ビジネス講座ChatGPT対話型AIが生み出す未来』(古川渉一／酒井麻里子、インプレス)
- 『コンテンツホルダーのためのChatGPT超入門』(山田稔、太陽出版)
- 『人工知能は人間を超えるか』(松尾豊、KADOKAWA)
- 『大規模言語モデルは新たな知能か』(岡野原大輔、岩波書店)
- 『ChatGPTの頭の中』(スティーヴン・ウルフラム／高橋聡(訳)、早川書房)

●ビジネスフレームワーク
- 『ビジネスフレームワーク図鑑』(株式会社アンド、翔泳社)
- 『ビジネスフレームワーク』(堀公俊、日本経済新聞出版)
- 『武器としての戦略フレームワーク』(手塚貞治、日本実業出版社)
- 『ビジネス用語図鑑』(マイストリート／佐々木常夫、WAVE出版)

●RPA
- 『事例で学ぶRPA』(武藤駿輔、秀和システム)
- 『RPAの威力』(安部慶喜・アビームコンサルティング株式会社、日経BP社)
- 『RPAの真髄』(安部慶喜・アビームコンサルティング株式会社、日経BP社)
- 『実践RPA』(日経コンピュータ、日経BP社)
- 『まるわかり! RPA』(日経コンピュータ、日経BP社)

●仮説立案
- 『仮説思考』(内田和成、東洋経済新報社)

- 『右脳思考』（内田和成、東洋経済新報社）
- 『論点思考』（内田和成、東洋経済新報社）
- 『右脳思考を鍛える』（内田和成、東洋経済新報社）
- 『アウトプット思考』（内田和成、PHP研究所）
- 『プロの知的生産術』（内田和成、PHP研究所）
- 『ビジネススクール意思決定入門』（内田和成、日経BP社）

●交渉
- 『ハーバード流交渉術　必ず「望む結果」を引き出せる！』（ロジャー・フィッシャー／ウィリアム・ユーリー／岩瀬大輔（訳）、三笠書房）

●その他
- 『良い戦略、悪い戦略』（リチャード・P・ルメルト、村井章子（訳）、日経BP、日本経済新聞出版）
- 『プロジェクトマネジメント知識体系ガイド（PMBOKガイド）第7版』（PMI日本支部（著）、好学）
- 『デジタル・マーケティング超入門』（森和吉、ぱる出版）
- 『ファンダメンタルズ×テクニカルマーケティング』（木下勝寿、実業之日本社）
- 『ビジネスを加速させるランディングページ　最強の3パターン』（中尾豊、つた書房）
- 『すごい言語化』（木暮太一、ダイヤモンド社）

●Web
- 「グロービス経営大学院　MBA用語集」
  https://mba.globis.ac.jp/about_mba/glossary/

あとがき

2022年の冬、友人のPythonプログラマーから「すごいものができた」とChatGPTについて教えられ、興味を持ってChatGPTを使い始めました。

そんな中、2023年3月の名古屋大学の卒業式では、杉山直総長が、将棋の対局でのAIの形勢予測を見ながらの観戦を例にAIとの共生の時代について語られました。また、4月の入学式では、ノーベル化学賞受賞者である野依良治名古屋大学特別教授が、「時代が求める知は何か、自分の頭でよく考えてほしい。過去、現在にとらわれず、良き未来社会を築くことが託されている」と祝辞でお話をされました。生成AIが広がる中でも「自分の考える」ことの重要性を強調するメッセージに、筆者は深く感銘を受けました。

筆者は名古屋大学で有機化学を学び、野依先生がセンター長を務めていた施設で研究をさせていただきました。また、野依研究室が主催する海外のノーベル賞級の研究者によるサマーセミナーにも参加させていただきました。

その経験もあり、野依先生のお姿が思い浮かび、もし、野依先生に「生成AIは人間を超えるのか？」と尋ねられたら、どのように答えるだろうかと考えさせられました。

サマーセミナーでの経験を思い出すと、当時の空気感や野依教授の所作が鮮明に蘇ります。そのときのことを何度も思い浮かべているうちに、その時の思い出の1つひとつが、筆者の行動に今も影響を与えていることに気づきました。生成AIがどれだけ優れた回答を出力しても、人から直接学ぶことの価値は失われないと強く感じました。もし、野依先生に尋ねられたら、そのように答えます。

生成AIの活用により、業務の効率は飛躍的に向上すると思います。しかし、だからこそ、生成AIによって生まれる時間や、精神的な余裕を使って、「自分の頭で考える」ことをさらに進めることができると思います。生成AIは素晴らしいツールですが、最終的な判断、生成AIの学習していないような創造的な発想は人間にしかできません。

本書を通じて、生成AIの活用方法を学ぶだけでなく、自ら考えることの大切さを再認識していただければ幸いです。生成AIと共に、人間としての知恵を深め、未来を切り拓いていく、本書がそのお役に立てれば幸いです。

最後になりますが、本書の出版のご縁を与えていただいた皆様、生成AI、および、活用方法について、ご指導いただきました皆様、鈴木信一様、鈴木万治様、成迫剛志様、山田稔様、木暮太一様、出版社の秀和システムの皆様に心より感謝いたします。

2024年9月　江坂 和明

索引

【あ行】

アンケート･･････････････････････････ 122
アンケート調査･････････････････････ 118
インサイト･･･････････････ 66,119,188
エスカレーションモデル･･･････････ 257

【か行】

価格設定戦略･･･････････････････････ 163
カスタマージャーニーマップ････････ 229
仮説立案･･････････････････････ 58,284
壁打ち･･････････････････････････････ 52
企画書･････････････････････････････ 173
議事録･･････････････････････････････ 90
帰納法･････････････････････････････ 284
機密情報･･･････････････････････････ 23
ギャップ分析･･･････････ 64,292,295
具体的な質問･･･････････････････････ 48
ゲーム理論･････････････････････････ 166
広告戦略･･･････････････････････････ 231
交渉･･･････････････････････････････ 201
交渉のロールプレイング･･･････････ 208
行動上の役割･･･････････････････････ 44
顧客ニーズ･････････････････････････ 186
顧客訪問･･････････････････ 182,184
コスト・リーダーシップ戦略･･････ 163

【さ行】

仕入計画･･･････････････････････････ 236
仕入先評価指標 (QCD)････････････ 239
事業継続管理･･･････････････････････ 260
事業継続計画･･･････････････････････ 260

市場調査･･･････････････････････････ 112
システム運用部署･･････････････････ 101
シックスシグマ･････････････････････ 242
シミュレーション･･････････････････ 126
仕様変更の管理･････････････････････ 245
職業的な役割･･･････････････････････ 44
人材育成･･･････････････････････････ 234
人事部門･･･････････････････････････ 104
スタイル･･･････････････････････････ 38
生成AI･･･････････････････････ 12,94
生成AIの利用ガイドライン･･･････ 23
セキュリティ･･･････････････････････ 23
想定問答･････････････ 108,180,198

【た行】

ターゲット層･･･････････････････････ 116
体験型販売手法･････････････････････ 225
対象読者･･･････････････････････････ 42
対象レベル･････････････････････････ 42
著作権･････････････････････････････ 22
提案書･････････････････････ 173,190
テイスト･･･････････････････････････ 38
データの偏り･･･････････････････････ 22
デジタル時代の人材政策に関する
　　検討会 報告書･･････････････････ 27
トークン･･･････････････････････････ 14
トーン･････････････････････････････ 38
トレーサビリティ･･････････････････ 248

【な行】

なぜなぜ分析 (5Whys)････････････ 302

ニーズ･･････････････････････ 119	文字数を指定･･････････････ 36,83
日報････････････････････････ 87	問題解決のプロセス･･････････ 274

【は行】

バリュープロポジション･････････ 170
ハルシネーション (幻覚)･･････････ 22
ビジネスコンセプト･････････････ 137
ビジネスシーン･･･････････････ 43
ビジネス表現･･･････････････ 73
ビジネス文書･･･････････････ 72
品質管理計画･･･････････････ 242
ファインチューニング･･･････････ 15
フェルミ推定･･･････････････ 116
フォーマット･･･････････････ 34,86
フレームワーク･･････････････ 55,137
プレゼン資料･･･････････････ 177,192
プレゼンスクリプト･･････････････ 179
プロンプト･･････････････････ 16,62
プロンプトエンジニアリング･･････ 30
プロンプトエンジニアリングガイド
 ････････････････････ 32,34,35
プロンプト技術･･････････････ 52
文章の味付け･･･････････････ 38
文章の表現方法･･････････････ 37
文章の要約･･･････････････ 83
文書のルール･･･････････････ 76
文書を校正･･･････････････ 75
文書を日本語に翻訳･･････････ 79
ペルソナ (像)･･･････････････ 223

【ま行】

マイケル・E・ポーター･････････ 163
メール文章･･････････････････ 182

【や行・ら行】

要約のポイント･････････････ 85
リスク影響度評価 (RIA)･･････････ 254
リスクマネジメント･････････････ 251
ロジカルツリー･････････････ 309

【アルファベット】

3C分析･･･････････････････ 138,141
5F分析･･･････････････････ 153
5Whys･･････････････････ 302
AIDMA (アイドマ)･････････････ 129
AISAS (アイサス)･････････････ 132
AMTUL (アムツール)･･････････ 227
B to Cマーケティング･･････････ 212
BATNA (最良の代替案)･･････････ 206
BCM･･･････････････････ 260
BCP･･･････････････････ 260
CCM･･･････････････････ 245
ChatGPT･･･････････････ 13,17
DMAIC･･･････････････････ 242
Few-shotプロンプティング･･････ 35
Identity･･････････････････ 44
ifから始まる質問･･････････････ 270
LLM (Large Language Model)･･････ 13
MECE (ミッシー)･････････････ 313
PEST分析･･････････････････ 160
QCD･･･････････････････ 236
RAG (Retrieval-Augmented
 Generation)･･････････････ 15
RIA･･･････････････････ 254

Role	44
RPA	97
So What ?	306
SWOT分析	157
Zero-shotプロンプティング	34
ZOPA (ゾーパ)	204

○**注意**

(1) 本書は著者が独自に調査した結果を出版したものです。

(2) 本書は内容について万全を期して作成いたしましたが、万一、ご不審な点や誤り、記載漏れなどお気付きの点がありましたら、出版元まで書面にてご連絡ください。

(3) 本書の内容に関して運用した結果の影響については、上記(2)項にかかわらず責任を負いかねます。あらかじめご了承ください。

(4) 本書の全部または一部について、出版元から文書による承諾を得ずに複製することは禁じられています。

(5) 商標
本書に記載されている会社名、商品名などは一般に各社の商標または登録商標です。

(6) 本書籍で説明したChatGPTの運用方法、業務の事例、注意事項等は、参考文献でご紹介した書籍、イベントでの発表内容、インターネット上の情報等によるものです。これらに基づき筆者による見解をまとめたものであり、筆者、および筆者の所属企業の運用方法とは一切、関係ありません。

(7) 本書の全部または一部について、出版元の書面による承諾を得ずに、動画やインターネット上での公開、またはセミナー等での使用・公開を行うことは禁じられています。

(8) 本書は生成AIの使用方法を解説するものであり、生成AIの動作は学習データのバージョンやその他の要因により、本書に記載された内容と異なる場合があります。

(9) 本書での解説の文章において、用語の定義を含め、生成AIを使用している部分があります。

●著者プロフィール
江坂 和明（えざか かずあき）

名古屋大学大学院　農学研究科修了。大手メーカに勤務。
製品の研究開発、社内の管理業務、業務用システムの企画、開発、
運用、および、RPA、Python、生成AIを活用した業務効率化に
取り組む。
著書：『Python業務自動化マスタリングハンドブック』
　　　（秀和システム）

ChatGPT超活用術
仕事で役立つプロンプトの極意
−より深く正しい回答を得る方法−

| 発行日 | 2024年10月 1日 | 第1版第1刷 |

著　者　江坂　和明

発行者　斉藤　和邦

発行所　株式会社 秀和システム
　　　　〒135-0016
　　　　東京都江東区東陽2-4-2　新宮ビル2F
　　　　Tel 03-6264-3105（販売）Fax 03-6264-3094

印刷所　三松堂印刷株式会社　　　　Printed in Japan

ISBN978-4-7980-7297-5 C3055

定価はカバーに表示してあります。
乱丁本・落丁本はお取りかえいたします。
本書に関するご質問については、ご質問の内容と住所、氏名、
電話番号を明記のうえ、当社編集部宛FAXまたは書面にてお送
りください。お電話によるご質問は受け付けておりませんので
あらかじめご了承ください。